TURING 图灵新知

What Is Life

生命是什么

王立铭——著

人民邮电出版社

北 京

图书在版编目（CIP）数据

生命是什么 / 王立铭著. -- 北京：人民邮电出版
社，2018.11
（图灵新知）
ISBN 978-7-115-49563-1

Ⅰ. ①生… Ⅱ. ①王… Ⅲ. ①生命科学－普及读物
Ⅳ. ①Q1-0

中国版本图书馆CIP数据核字(2018)第229037号

内 容 提 要

本书通过生动的文笔和有趣有料的生物学故事，揭开了生命科学神秘的面纱，不仅生动地解读了生命的定义及奥秘，而且详细地追溯了生命的起源和演化，展现了人类探索生命奥秘的伟大历程，讲述了科学家在揭示生命奥秘过程中的重要发现。阅读本书，有助于读者重新认识生命的过去、现在和未来，更好地认识地球生命以及其他智慧生命。

本书生动有趣，适合对生物学感兴趣的各层次读者阅读。

◆ 著　　　　　王立铭
　　责任编辑　张　霞
　　责任印制　周昇亮

◆ 人民邮电出版社出版发行　　北京市丰台区成寿寺路11号
　　邮编　100164　电子邮件　315@ptpress.com.cn
　　网址　https://www.ptpress.com.cn
　　涿州市般润文化传播有限公司印刷

◆ 开本：880×1230　1/32
　　印张：9.25　　　　　　　　2018年11月第1版
　　字数：203千字　　　　　　2024年8月河北第17次印刷

定价：69.00元
读者服务热线：(010)84084456-6009　印装质量热线：(010)81055316
反盗版热线：(010)81055315
广告经营许可证：京东市监广登字 20170147 号

本书献给我亲爱的妻子沈玥。

推荐序一

2016 年雨果奖得主、《北京折叠》作者　郝景芳

我对生命问题一直有着强烈的好奇和兴趣。

本科学的是物理,因而一直被生命问题所困扰:在完备的物理规律世界中,生命到底是如何产生的?物理大厦之美,让所有学生心醉神迷,然而按照物理大厦四大力学,全宇宙都是遵照力和场的规律建构出来的,从条件推导结局。那么问题就来了:在这样的物理大厦中,生命是如何产生的?生命是完全遵照物理定律生成的吗?生命也可以从条件直接推导出结局吗?

这些问题,是人类世界的本质问题。它们一点都不新,甚至是人类几个最古老的问题。从远古人类刚刚诞生文明智慧的时候,就有思想者不断询问:丰富多变智慧的生命,是如何从冷冰冰的自然界中产生的?

这个问题驱动着神话、宗教、哲学和科学的发展。生命显然是某种不可思议的神奇现象,而为了解释这种不可思议,人类创造了上帝,创造了女娲,创造了宇宙中不灭轮回的灵魂,也创造出了现代基因科学。

而即便如此,几千年过去,人类仍然没能完全解释生命问题。

从一方面讲，从 17 世纪开始盛行的机械决定论声称：没什么神奇的，一切都是物理，我们能算出太阳星辰和齿轮杠杆，早晚有一天我们也能算出生命密码。然而三百多年过去，我们仍然不能从物理定律里算出生命的发展历程。从另一方面讲，我们人类在茫茫宇宙中，至今还没找到其他生命证据。哪怕从理论上讲，在同样的物理条件下，生命应该在宇宙中绽放开花无数次了，但我们仍然没听到任何来自宇宙的声音。

这意味着什么呢？很有可能，即使生命的密码完全能从物理定律中计算推导而出，也是某种非常难以理解的小概率事件。生命涌现于物理化学，但生命不等于物理化学。生命大厦完全由原子、分子砖头组建而成，然而搭砖头的方式仍然超出人的理解范围。

立铭这本书，写出了生命多个层面的神奇之处。他按照生命的发生顺序，清清楚楚地写出了几个层面的谜题。

首先是生命的材料。在宇宙的电闪雷鸣中，制造小小的氨基酸并不难，但是最初的氨基酸如何组装成由几百万个原子组成、功能复杂的巨型蛋白质分子和 DNA，仍然是充满神秘的事。

然后他讲出生命生成中最难的一环：秩序生成。化学反应总是趋向于均衡态，热力系统总是趋向于无秩序，而生物恰恰起始于非均衡态和秩序的生成。秩序是如何从无秩序中自发出现的？如果说自我复制的分子是一切的关键，那么第一个自我复制的分子又是怎么生成的？

之后他又讲了生命中匪夷所思的地方：即便吸收能量的蛋白质、自我复制的核酸和完整的细胞膜都可以产生，但这些东西是怎样神奇般地组装到一起的？把一大把零件扔在地上，它们是不会凑到一起变成汽车的，那么生命的部件又是怎样合成的？

最后，即使是细胞和生命机体真的克服了这一系列深渊困境，也仍然难以解决最困难的科学问题：所有这些由原子、分子组成的蛋白质和核酸，凑到一起之后，怎么就神奇地产生了我们人类的感觉、意识和智慧？我们已经能在工厂里造出更复杂的原子、分子机器，但是它们为什么只是被动的机器，而不是智慧生命？

所有这些问题，都扣人心弦。一层层展开，如探秘小说不断逼近结局，让人欲罢不能。从微观世界到大脑中的宇宙，书里抛出一个又一个大问题，在追寻答案的过程中，一重答案又引出另一重问题，逻辑清楚又充满悬念，人类的生命科学史就在讲述中壮丽展开。

我很喜欢立铭的文笔，科学理性，但又充满个性化的思考，带着温暖的智者之光。他对分子生物学和遗传进化的学识积累非常深厚，科学实验和故事信手拈来。而更难得的是，他对人类的哲学历程也理解得十分透彻，在不多的篇幅中，把自古哲人对于生命和人类意识的争论，写得深入浅出，引人思考。

所有的这些书写，都是为了引起我们对生命的反思。我们生于幸运，幸存于幸运，在一系列不同寻常的小概率事件和大浪淘沙般的消亡中，我们作为一种结构复杂的多细胞智慧生命，竟然从无中生有，并幸存至今，不能不说是一件神奇的事。人类对生命研究越多，就越会发现我们生命的神秘。在珍惜得来不易的命运之外，我们更应敬畏宇宙自然的神奇宽广和无限可能。

愿你享受这段阅读之旅！

推荐序二

北京大学讲席教授　饶毅

这是一本让普通读者理解我们到底是谁、从何而来、将向何处去的好书。

本书从演化的视角透视生命的本质，将人类在演化历史中的角色比喻成"看客"和"产品"，随着现代科学技术的发展，我们将逐渐从被动变为主动，操起"上帝的手术刀"，改变演化方向，取代自然选择。

为了让一般的读者了解复杂的生物科学，作者从科学家在外太空探索生命的尝试引入，再回归到地球生命本身，通过科学史的叙事方式带领读者探讨生命的起源和驱动力。

在书中，作者将生命的驱动力分为物质、能量、自我复制、细胞、细胞间的分工五大元素，将生命的智慧分为感觉、学习、社交、自我意识和自由意志五大元素，以唯物论和还原论的哲学思维，生动地展现了生命史是与环境永不停息的奋斗史，始终体现着"物竞天择，适者生存"的演化规律。

为了应对环境"永恒的变化",分工与合作体现在方方面面。在生命起源初期,某些分子身兼数职,例如最初的 ATP 合成酶兼具制造能量和运输物质的功能,RNA 性质的"核酶"兼具 DNA 和蛋白质的作用。在细胞膜为生命与外界建立起"分离之墙"后,逐渐地,细胞内有了细胞器分工,个体内有了组织间分工,生命有了性别分化和群体分工……这些无不体现了生命以留下后代为目的的分工互利。而语言作为信息交流共享的基础,本质上也是社会分工精细化、利己利他利群体的产物。

在环境的压迫和驱使下,生命逐渐演化出了感觉系统,拥有了和地球环境交流互动的本钱。生命从被动演化一步步走向主动选择:从黑暗到感光,从刺激 – 反射引起的被动、无记忆、简单的膝跳反射,到"巴甫洛夫的狗"的学习记忆和经验;从个别物种获得的自我意识,到对自由意志是否存在的探讨……

作者以物质为基础,以实验为依据,将这些与认知相关的重要事件和科学发现通过关键的例子展示给大家,让读者通过追寻智慧的思绪和案例,展开一场思想旅行,从中收获生物学思维方式,用生物演化的视角重新理解生命。另外,书中的案例都来自原始的研究论文,严格遵循科学研究的规范,并附有相关的参考文献,方便读者有据可查。

为了帮助读者理解,书中使用了大量生动的比喻。例如将生命比喻为"大厦",将能量比喻为"生命大厦建筑师",将能量差比喻为"水坝";在起源的先后问题上,多次用"鸡"和"蛋"做比喻;把需要能量而秩序化的生命比喻为"以负熵为生";在分析自我复制时,将"中心法则"中的

RNA 比喻为"二郎神的第三只眼睛";将记忆的赫布定律形象地比喻为"单身派对定律"。这大大提高了本书的趣味性和可读性。

本书与薛定谔的经典著作《生命是什么》同名,希望读者能在现代科学技术发展的背景下,真正地理解生命究竟是什么。

推荐序三

德国癌症研究中心终身研究员　刘海坤

王立铭是科普界的明星，也是国内少有的可以在科普与科研间自由切换的优秀青年科学家。

我之前读过立铭的两本精彩大作（《吃货的生物学修养：脂肪、糖和代谢病的科学传奇》和《上帝的手术刀：基因编辑简史》），后来知道他在用心打造一本新著，再后来读到他精彩的新书书稿的后记，更加心急难耐。万幸近日从立铭处得到样书，遂一气读完，就是这本《生命是什么》。

生命是什么？如果是对"生命"这个概念的解释，那么这可能是我们能想象的最难回答的问题之一，学术界也没有统一的答案。但如果这是个开放式的问题，那就可以在很多有趣的维度上进行解释并充分演绎了。立铭便是从多个维度中提取出最重要而又互相承接的维度，并以层层递进的方式进行解析的。本书的主题明显比立铭前两部书更宏大而深刻，所以我称之为一部"野心"之作。

生命是什么？立铭在开篇并没有尝试直接回答这个问题，而是把视角转离地球，瞄向太空。他首先提出了一个令全人类都感到好奇的问题：外星生命是否存在？然后讲了几个精彩的科学故事，例如，非常有说服力的"费米悖论"，令人遐想的"戴森球"，以及可以推算外星生命概率的"德雷克公式"，杰出的人类一直尝试用理性去想象外星生命存在的模式。而寻找外星生命的一个前提是我们要有能力分辨什么是生命，这也是困扰美国国家航空航天局寻找外星生命的科学家的一个主要问题。这个问题自然而然地引出了本书的创作主旨——生命是什么？

生命科学的尺度跨越了纳米到宏大的地球生态系统，宏大繁复，包罗万象。想要从中提炼出生命的基本特质并书写出来，是极具挑战性的。不过幸好我们有贯穿生命科学的第一原则：进化论。立铭选择了生命的演化作为轴线，在其妙笔之下，一出跌宕起伏、惊险刺激的几十亿年的大冒险戏剧就此拉开序幕。他先从科学产生之前古代哲学家对生命本质的探讨谈起，之后科学家登上舞台，一个个精彩的科学故事展现了人类不断从多维度接近、理解并尝试解析生命本质的曲折过程。再后他把镜头迅速推进到著名的米勒–尤里实验，该实验令人惊奇地证明了生命起源的基本分子（如氨基酸）可以在实验室模拟的古代地球环境里快速产生。这基本解决了生命原材料的来源问题，随之引申出当代科学三大重要问题之一：生命的起源问题。

在漫长的宇宙历史中，最神奇的事件之一莫过于生命的诞生。在前进化论时代，大多数人类甚至认为地球上生命的多姿多彩是神迹存在的最好证明。正如物理学家对理解宇宙起源的"大爆炸"充满了无穷的向往和想象，生物学家对理解生命诞生这一从无到有的重要时刻也抱有同样的情感。虽然我们无法排除生命起源于外星的可能性，但理解并尝试重构生命诞生的原始过程是很多科学家一生的追寻。

对于这部分内容，立铭首先提出了产生生命的物理先决条件——能量。薛定谔（立铭的偶像之一，物理学黄金时代的代表，量子力学奠基人之一）在 1944 年出版的影响深远的科普名著《生命是什么》里提到，由热力学第二定律推论，在一个封闭系统中，熵只会增加，即变得无序。而生命是高度有序的系统，所以生命应以负熵为生，需要能量的摄入来维持稳定而有序的存在[①]。这一推论显示出生命的基本法则不违背物理基本法则。实际上，我们目前已知的所有生命的基本法则都不违背物理或化学基本法则，不过，迄今为止还没有物理学理论能够把对生命的解释包含其中。以此为引，立铭请出了他非常喜欢而且在书中不吝言辞赞美的 ATP 及其合成酶。这一部分写得非常精彩，是本书的高潮部分之一。我不敢在此剧透，强烈推荐读者自己阅读体验。

解决了能量问题之后，想象力丰富的立铭随即把一个个精彩的理性科学发现与其浪漫的想象力结合在一起，构想出了生命诞生之初的"前生命"形式的几个可能版本（从 1.0 到 4.0），蛋白质、DNA 和 RNA 轮番登上舞台。他尝试从各个角度探讨生命起源的可能途径。这部分内容展现了立铭作为著名科普作家的写作功力。生命诞生前的时刻对科学家来说都是神秘和晦涩的，立铭通过丰富的想象力把各种可能性转变为一幕幕精彩的文字影像。

所有上述准备都是为了生命诞生的这一刻。这是一个可以自我复制生

---

① 薛定谔后来修改过"负熵"这个概念，感兴趣的读者可以进一步阅读相关文献。

命分子和个体的生命单位，一个活着的细胞。这应该是一个有能力把遗传信息传递到几十亿年之后的细胞，一个有能力转动进化之轮的细胞[①]。可以说，生命的诞生标志就是第一个细胞的诞生。在这个环节，立铭强调了细胞膜的产生是关键的一步，因为这是把酶、遗传物质和其他生命必需的分子聚集在同一空间的关键。我个人认为，对第一个细胞的多种想象是立铭可以进一步加以发挥的地方，可能因为篇幅原因，立铭并没有在此进一步打开其想象力的闸门。而随之而来的细胞的分工即多细胞生命的出现则打开了生命爆发的闸门，这直接导致了更为复杂的生命以及具有高等智慧的人类的出现。立铭称之为"君临地球"。

虽然进化本身并非是从低级到高级的，但复杂生命的产生却是长期进化的结果。而在漫长的生命进化史中，最杰出的产物非人类的大脑莫属。作为神经科学家的立铭在书的后半部分为读者展示了大脑的功能（感知、学习记忆和社交），并讨论了在哲学上都极有难度的抽象概念：自我意识和自由意志。这部分为我们呈现了一幕幕精彩而又真实的科学故事，从视觉的神经解码，到语言的生物基础，再到多重人格和人工智能，为我们展示了一个已经非常精彩而在未来会更加精彩纷呈的科学世界。

科学研究在带来新知的同时总是带来新的未知，生命科学的未知遍布各个领域。曾经被生命科学吸引的物理学天才费曼戏言，在生物学领域，随便一个问题，我们都没有答案；而在物理学领域，则要花相当多的时间才能

---

① 细胞学说是第一个真正把所有生命都包含在内的学说，它的诞生时间（1839年）远远早于发现 DNA 遗传物质的时间（1944年）。

找到没有被解决的重要问题。这一现状并没有太多改变，立铭最后讨论的生命科学的已知和未知也会让读者浮想联翩，我想这部分对于有抱负的下一代科学家会有相当大的吸引力。所以，读完本书，你可能没有找到"生命是什么"这个问题的答案，但你对"生命是什么"的理解一定会有质的提升，而且可能会发现，理解生命可能并不需要急着回答"生命是什么"这个问题。

好科普难写，兼具深度与高度的原创科普作品极少。我个人认为，立铭的作品是中文科普世界里凤毛麟角的存在。他对科学有独有的深刻解读方式，也有在科普世界里少见的写作视角。难能可贵的是，他在书里引用了该领域最新的科学进展和最精彩的科学故事。这本书的架构和逻辑在英文科普著作里也很少见，可见立铭对此做过仔细的推敲琢磨。好的科普书重要的作用不是科普知识点，因为知识早晚会变得陈旧，而是普及科学的思维和判断方式。这一点读者应能从立铭讲故事的字里行间体会到，他展现了精彩科学发现背后的内在逻辑，从推理到实验验证，丝丝入扣。

另外，从行文风格也可以看出立铭是具有人文情怀的作家，他的作品充满了积极对待未知世界的态度和坚信更好未来的信念。他这本书的风格让我想起了我最喜欢的法国科学大师和优秀的科普作家弗朗索瓦·雅各布（François Jacob，1965 年因操纵子模型获诺贝尔生理学或医学奖）。他的科普著作《生命的逻辑》探讨的角度和思路与立铭这本书有交相辉映之处。

立铭这本书取名《生命是什么》，有向偶像薛定谔的《生命是什么》致敬之意。薛定谔的这部名著令人惊叹地影响和启发了分子生物学时代的许多科学名家，最出名的当属 DNA 双螺旋结构的发现者之一沃森。我想立铭花如此多的心血打造这本同名著作的"野心"也在于此，他一定希望本书能够启发中国下一代科学家，使他们在青少年时代就能领略到真正的科学思维，吸引有志于科学的青少年踏上真正的科学之路。我至今记得自己在年轻时阅读薛定谔这本著作时对科学产生的懵懂而又向往的情愫。我相信立铭也做到了这一点，因为即使中年如我，在阅读本书的过程中，脑海里也不断产生新的问题：假设在宇宙中另存一个物理上一模一样的太阳系，那么在该太阳系里的地球上，能进化出和我们这个星球上一样的生命类型吗？人类出现在那里的概率是否可以通过德雷克公式推导出来？自称掌握了基因编辑这把"上帝的手术刀"的人类真的可以跳出自然选择吗？在生命产生初期，是否产生过不基于 DNA 传递遗传信息的生命形式而被筛选掉了？最早产生的细胞里的基因组到底有多大？进化论是否是放之宇宙而皆准的生命法则？

对于立铭花两年时间打造的这本精品，这篇短短的推荐序无法揭示其全部的精彩。在此衷心推荐给各个领域的读者亲自阅读，希望您有自己的收获。当然，我尤其推荐给对科学感兴趣的青少年，我也会推荐给自己的后辈，我女儿就非常喜欢"戴森球"的故事。我想，作为科普作家的立铭一定不止一次想象过这样一天，一位中国科学家在斯德哥尔摩的领奖台上致获奖辞："我踏上科学之路，是因为小时候读的一部王立铭教授的科学名著——《生命是什么》。"

推荐语

2015 年雨果奖得主、科幻作家、《三体》作者　刘慈欣

　　生命，如果不是因为其确实存在，本来可以很容易地证明其不可能存在。《生命是什么》正是讲述了这样一个大自然的奇迹。立铭用生动、诗意的笔触，带我们经历地球生命几十亿年史诗般的演化历程；通过对生命现象全景式的描述，让我们领略那令人难以置信的神奇。

　　本书吸引我的地方，首先是广阔的视角，从生命的起源到自我意识，从分子生物学到社会学，使读者对生命科学有了一个全景式的了解；其次是本书明晰而生动的叙述，真正把生命科学作为活的科学展现出来，让读者感受到了生命的神奇和诗意。

　　本书在带给我们不断的惊叹和感慨的同时，让我们重新认识生命世界，也重新认识我们自己。

前言

这是一本带你了解生命科学、和你一起理解地球生命和人类智慧的书。

在我看来，在人类所有的科学领域中，生命科学是最谦卑、也是最自负的一门科学。

说它谦卑，是因为几乎所有的生物学发现都在提醒我们：生命和智慧其实只是演化的产物。

我们居住的地球形成于46亿年前的星云涌动，最早的地球生命诞生于40亿年前的一系列化学反应，我们整个人类世界和全部人类文明都来自一场跨越40亿年时间的伟大冒险，我们生活中习以为常的一切，我们身上的优势和弱点，我们引以为豪的智慧，都是这场伟大冒险的产品。面对生物学规律，我们必须保持谦卑。

说它自负，是因为现在的生命科学让地球人类站在了一个极其重要的历史拐点上。伴随着过去两千多年来人类对生命现象和人类智慧的深入探究，伴随着过去几十年来人类对生物学技术的持续开发，我们迎来了一个史无前例的机会，那就是可以借助生命科学的力量，主动参与到生命演化的过程中，从看客和产品，变成命运的指挥官和主人，去影响、改变甚至主导未来人类演化的方向。这是生命科学带给我们最大的自负和野心。

因此，不管是理解我们的过去，还是规划我们的未来，生命科学都是思想军火库里必不可少的武器。只有借助生命科学，我们才能真正看清我们是谁，从哪里来，向何处去。

我们的过去：生命的无奈

回望过去，生命其实一直都是漫长演化历史中的看客和产品，是一场持续了 40 多亿年的无可奈何。今天我们拥有的一切，无论是我们的身体、智慧，还是人类的衰老、死亡，其实都是演化的产物。

首先，对于我们的身体，我们并没有绝对的话语权。

你可能听说过镰刀型贫血症这种病。这是一种很严重的遗传病，简单来说，就是人体负责生产血红蛋白的基因（HgB）上出现了一个微小的遗传变异，导致人体血管里的红细胞非常脆弱，很容易破碎，从而阻塞血管并影响很多器官的工作。如果没有精细的治疗和医疗维护，这些病人一般 40 岁出头就会死亡。直到现在，全世界每年都会有 10 万多人死于这种疾病，还有 4000 万人携带这种疾病的变异基因。你可能会问，既然这种遗传变异这么危险，为什么没有在生命演化过程中被淘汰掉呢？

其实，如果仔细观察世界范围内镰刀型贫血症突变基因的地理分布情况，就会发现这种病并没有平均散布在各个大陆上，在撒哈拉以南的非洲和南亚次大陆分布得非常集中。而且，它与世界范围内疟疾发病的地理分布有很高的重合度。为什么镰刀型贫血症和疟疾这两种看起来八竿子打不着的东西，地理分布居然很相似呢？

背后的原因特别耐人寻味。虽然镰刀型贫血症是一种很严重的疾病，但是导致这种疾病的基因突变居然也是有好处的——它可以帮助抵抗疟疾！我们知道，每个人体内都有两份 DNA 遗传物质，一份来自父亲，一份来自母亲。当两份 DNA 上的血红蛋白基因都出现变异时，人就会患病；如果只有一份血红蛋白基因出现了变异，生活就是完全正常的。而如果感染了疟疾，疟疾的真凶疟原虫进入人体后会入侵人的红细胞。这时候，那些携带了一份血红蛋白变异基因的红细胞就会显出脆弱的一面，更加容易破裂死亡，这样反而歪打正着地让疟原虫跟着死掉了，从而让这些人对疟疾有了一定程度的抵抗力。

在现代抗疟疾药物（特别是奎宁和青蒿素）发明之前，疟疾是一种非常可怕的疾病。亚历山大大帝很可能就是死于疟疾，康熙皇帝也差点因此而死。因此，在漫长的人类演化历史上，血红蛋白基因的突变虽然会导致严重的镰刀型贫血症，但是它是我们的祖先对抗疟疾的唯一武器。虽然这件武器"杀敌一千，自损八百"，但还是长期保留在了现代人的遗传物质中。

今天，对于疾病或健康，尽管有些因素我们已经能够自主控制，但是在最底层的生物学逻辑里，控制疾病或健康的，仍然是生物演化的历史。对于我们的身体，我们没有绝对的话语权。

其次，对于人类智慧的形成，我们也没有话语权。

虽然我们创造了灿烂的文明，产生了理性的思考，但这一切很难说是我们人类自己的功劳。

以人类语言为例。语言是复杂的人类社会最重要的基石之一。依靠语言，人类个体之间才可以高效率地交流经验和思想，才可能产生神话传说、政治思想和科学技术，才可能组成社会，建立国家。

在地球上数百万种动物中，人类的语言是独一无二的。虽然不少动物也发展出了语言，也能传递简单的信息，但是只有人类语言才发展出了语法。所谓语法，就是把各种单词按照一定规则、随心所欲地拼接在一起的能力。然而，人类这种独特的语言功能可不是自己努力学习的成果。

有不少证据显示，人类基因组上一个名为 FOXP2 的基因很可能和人类语言的形成息息相关。如果这个基因出了毛病，人就无法灵敏地控制自己的舌头和嘴唇，无法说出清晰的语句，即便说得出话，也基本是词汇的无意义堆积，没有正确的语法。那么，这么重要的基因，在分子层面，是不是人类和其他动物有着特别明显的区别呢？可惜没有。和我们的近亲黑猩猩相比，人类的 FOXP2 基因仅仅存在极其微小的突变。所以，人类拥有独特的语言能力是一个意外。

而且，演化生物学的模拟分析显示，人类特有的 FOXP2 基因大概出现在距今 10 万 ~20 万年前。这可能恰恰是现代人出现在非洲大陆、打败所有的人类亲戚、走出非洲的时间。根据这些线索，生物学家估计，人类特有的 FOXP2 基因与人类出现语言机能、形成人类社会和人类文明存在着紧密的联系。

再比如我们的学习能力，我们的爱情，我们对同类的关心爱护，我们的自尊心和责任感……这些我们引以为荣的智慧火花，也都不是人类凭空创造出来的。它们的背后其实是冷冰冰的生物学规则，是漫长演化历史进程中的塑造。

所以，人类之所以成为今天的人类，不是因为人类多么奋发图强，多么聪明勤奋，仅仅是因为几十万年前一些偶然的遗传变异，才让我们从一大堆猿猴和人类亲戚里脱颖而出，君临天下。

最后，在衰老和死亡这个终极问题上，我们更加没有话语权。

我们都厌恶死亡，但是死亡是我们每个人生命的必然终点。而且生物演化不排斥死亡，甚至在某些条件下，它会主动选择让我们死亡。

比如，如果一个遗传变异能够帮助生物在年轻的时候更好地发育、成熟、求偶、交配、繁殖，那么这个生物就会被自然选择所青睐，更容易在严酷的生存竞争中存活下来。哪怕在之后的岁月里，这个遗传变异会让这个生物很快地生病、衰老和死亡，也无所谓，毕竟它传宗接代的使命在此之前就已经完成了。

一个经典的例子是男性的睾酮。这是人体里一种特别重要的雄性激素，它的功能非常重要。男性器官的形成、精子的发育、生殖能力、肌肉力量、反应速度……这些都和睾酮有关。打个不太严谨的比方，我们常说一个男人看起来有没有"男子气概"，这件事和他体内睾酮的多少就有很大关系。所以，那些在年轻的时候充满战斗力和交配欲望的男性，就会被自然选择所青睐，就更容易留下自己的后代。

然而，睾酮可算不上什么好东西，它和人类许多疾病都有着密切的关系。男性的睾酮含量越高，得癌症的概率就越大。特别是前列腺癌，这是男性发病第二多的癌症。也有证据显示，睾酮的水平和人类寿命是成反比的。这个能让年轻男性充满男子气概的东西，也能让他迅速衰老和死亡。

所以，对于生存还是死亡这个大问题，选择权也不在我们手里。我们来过，我们生活过，我们又衰老和死亡，这一切都是生命演化历史造就的必然归宿。

无论是我们引以为豪的身体、智慧、文明，还是我们深恶痛绝的疾病、衰老和死亡，归根结底都是40多亿年演化的结果。生命只是看客和产品，从来都不是自己的主人。在自然法则面前，生命科学只能保持谦卑，一点点小心地揭开大自然的密码本，偷看几眼生命的设计图。

而当我们掌握了生命科学，了解了更多自然和生命的秘密之后，就会本能地想要追求更长的寿命和更高的生命质量，想要改变演化的进程和方向，做自己生命的主人。

我们的未来：生命的主人

放眼未来，随着人类对生命活动的理解越来越深，随着生物技术突飞猛进的发展，人类开始尝试运用生命科学这一有力的武器，逆转生命演化的巨轮，从演化的看客和产品，真正变身为生命的主人。

首先，基因编辑技术的发展，让我们有可能主动掌控自己的身体。

我们继续以镰刀型贫血症为例。这种疾病是人体内血红蛋白基因出现了区区一个位点的微小变异导致的。这个微小变异以牺牲一部分人的健康为代价，换来了更多人对疟疾的天然抵抗力。这是漫长的生命演化过程对人类身体的塑造，也是留给人类的苦难（和财富）。

但是在今天，人类居然可以拿起手术刀，主动参与生命演化的进程了。在最近十几年时间里，一类名为"基因编辑"的技术取得了突飞猛进的发展。该技术的核心在于，能够在生物庞大的基因组信息中精准寻找到出现问题的 DNA 位点，然后把错误的位点剪切，再替换成正确的位点。

可以想象，有了这把"上帝的手术刀"，人类就可以在受精卵里精确地修改镰刀型贫血症的致病基因，让婴儿完全摆脱这种疾病的困扰，让这个基因突变从此在这个家族里消失。这个小婴儿及其未来所有的子孙后代，就可以永久地走上另一条演化道路了。

虽然这件事难度很大，目前仍面临很多技术问题，还没有真正地推向实际应用，但是很多研究已经充分证明了该技术的可行性。比如，2015 年，中山大学的黄军就实验室利用一种名为 CRISPR/Cas9 的全新基因编辑技术，在人类胚胎中尝试进行了人类血红蛋白基因的修饰。这项研究一经问世就引发了全球范围内的巨大争议和热烈讨论。毕竟，这可能是人类历史上第一次主动而且有目的地修改人类自身的遗传物质，永久性地改变生物演化历史的进程！

所以，人类已经不再满足于仅仅做演化历史的看客和产品了，我们已经可以亲自走上手术台，运用神话传说里只有上帝才拥有的力量，创造我们自己的演化历史了！

沿着这个逻辑推演下去，如果可以对人体遗传物质进行随心所欲的修改和设计，那么人类未来就有可能有针对性地设计自己的下一代，让他/她智力超群，貌美如花，永远赢在起跑线上。那么，这样会不会破坏人类千姿百态的多样性，让世界从此千篇一律呢？有钱人和特权阶级会不会利用这项技术，率先改造自己的子女，实现财富和地位的遗传，甚至造成永久性的社会撕裂和不平等？更可怕的是，会不会有人将这项技术开发成武器，毁灭敌人的遗传物质，制造地球末日呢？但是无论如何，基因编辑技术是人类开始主导演化进程的第一次尝试。

其次，人类开始利用生物学技术破解智慧的秘密，主导智慧演化的进程。

我们知道，语言能力是人类智慧的重要组成部分，而这很可能源自10万~20万年前的一次偶然的基因突变。从那时起，我们成为了语言天才，并且凭借这项独门绝技建造了人类社会，创造了独一无二的人类智慧和伟大文明。

而今天，神经生物学家已经不再满足于被动地接受这个结果，开始主动破解智慧的秘密了。我们正在逐渐理解大脑的工作原理，并且尝试主动影响大脑的运转，让人类学得更快，记忆力更强，更有智慧。

比如，2013年，美国麻省理工学院的科学家就做了这样的尝试。他们通过解析小鼠大脑中特定区域的活动规律，从中获得了记忆的存储信息。然后，他们通过随心所欲地改变神经细胞的活动，就可以擦除这段记忆，甚至人工虚拟出记忆，让老鼠产生身临其境的幻觉。

此外，还有人试图利用计算机芯片来改变和创造记忆。2015年，美国南加州大学的神经科学家尝试在人脑中植入芯片，采集大脑神经细胞的活动信息，然后利用计算机从中提取出信息，再转换为记忆，重新植入大脑。换句话说，他们已经试图人工创造出学习和记忆的过程了。

这些技术最早会用于治病救人，帮助病人恢复正常的大脑功能。但是相信未来这些技术一定会逐渐应用于健康人和普通人。那么人类将可以直接在人脑中虚拟现实、移植记忆、拷贝知识、创造智慧。这也就意味着，人类将会迎来利用生物学技术主导智慧演化的全新历史。

最后，现代生物学技术可以让我们更接近生命的真相，甚至改变人类的终极宿命。

在过去数十年里，生物学家在衰老问题的研究上倾注了大量的心血。如今，科学家通过改变遗传基因和生活环境，可以让实验室里的生物活得更长久、更健康。

研究证明，有些方法能有效延长动物的寿命，比如节食。少吃能让动物活得更长久，衰老更慢。这可能是通过影响胰岛素相关的生物信号来影响动物衰老过程的。胰岛素是一种重要的激素，它和糖尿病有关，也是治疗糖尿病的药物。因此，有生物学家设想：治疗糖尿病的药物是不是可以帮助人们延缓衰老、延长寿命？如今，世界各地都有很多这样的临床试验。

还有一种方法是换血。人们在 70 年前就发现，如果把年轻动物的血液输入老年动物体内，就能实现"返老还童"——老年动物的毛发会重新泛起光泽，心脏血管的机能也会重新焕发生机。只要能够找到其中的生物学机理，人类就可以利用同样的方法实现长生不老了。

所以，虽然衰老和死亡看起来是人类无法抗拒的最终宿命，但是借助现代生物学技术，人类已经开始慢慢接近这个终极宿命的真相，甚至有可能改变这种宿命了。

因此，无论是身体、智慧，还是生死，今天，我们确实已经站在了人类历史的拐点上。曾经的我们在演化历史的长河中随波逐流，是无数个机缘巧合造就了今天独一无二的我们和灿烂辉煌的人类文明；而未来的我们，虽然仅知晓生命秘密的冰山一角，但是已经开始跃跃欲试，试图操控智慧和愚笨、健康和疾病，甚至衰老和死亡，试图取代自然选择，成为自身命运的主宰者！

此时此刻，我们比以往任何时候都更需要了解生命科学，更需要深刻地理解地球生命和人类智慧。也许，这些生物技术在短时间内还只能出现在科学新闻或者科幻电影里，但是很可能在一两代人的时间内就会变成现实。届时，我们人类将要亲手打开的，是阿拉丁的神灯，还是潘多拉的魔盒？不管是欢欣鼓舞还是忧心忡忡，是恐慌畏惧还是心如止水，我们都应该在头脑中装备好生物学的研究方法和思维模型，从而更好地应对即将到来的未来。

用生物学思维理解生命

地球上的生命现象和活动纷繁复杂，千差万别。理解生命最大的难题，很可能是尺度问题。

首先，生命在空间尺度上存在着巨大的差异。例如，对于地球上最大的生命蓝鲸来说，它的尺寸是用"米"或者"十米"来计量的，蓝鲸的一条舌头就有人类制造的卡车那么大；而对于人眼看不见的单细胞生物来说，它们的尺寸是用"微米"来计量的。这两者之间相差了差不多七个数量级。

其次，移动距离的衡量尺度也有着天差地别。比如，有一种叫北极燕鸥的小鸟，每年都要在地球的北极和南极之间飞一个来回，一生之中飞翔的距离长达数百万千米，足够在地球和月球之间往返三次。相反，有很多生物从出生到死亡所发生变化的距离几乎为零。比如，很多苔藓植物一生能够生长的高度也不过是毫米数量级。这两者之间差了十几个数量级。

除了空间尺度和移动距离的尺度之外，还有很多生命现象的度量尺度，比如个体的数量、繁殖能力、寿命、智力等，在不同的地球生命之间都有着天壤之别。

这些尺度上的巨大差别带来了天然的难题——当我们在讨论地球生命现象的时候，我们该怎么框定讨论范围？该如何搞清楚具体讨论的对象到底是什么？我们能不能真的确定，在这些尺度迥异的地球生命之间，有着共同的物质和科学基础，遵循同样的生物学原理？如果在每一种特殊的生命和特别的生命活动背后都有特殊的道理，那么我们的研讨可能就会失去方向。

因此，我们需要掌握一种思维方式，在地球生命演化的自然历史框架下，跨越尺度的鸿沟，剥开生命现象复杂的外壳，探索地球生命现象的本质，找寻塑造地球生命和人类智慧的核心要素。

我们知道，现今所有的地球生命都是通过漫长的自然选择和生存竞争逐渐演化而来的，不管是植物还是动物，是细菌还是真菌，回溯几十亿年，我们都共享一个祖先。有人还给这个祖先起了个名字，叫 LUCA，意思是现今地球生命的最后共同祖先。当然，LUCA 是一种假想中的生物，在今天的地球上并没有。但是对现今地球生命体内广泛存在的基因和遗传信息进行分析、归类和溯源，就可以大致猜测出我们的共同祖先具有什么样的基因，可能具备什么样的生命特征。

那么反过来，我们就可以用生物学思维来理解今天的地球生命。它们全部脱胎于同一种共同祖先，经过了几十亿年的演化，在丰富多变的地球环境中反复选择，形成了不同的生存和繁殖策略，最终构成了五花八门、丰富多彩的地球生物世界。也就是说，今天每一种地球生命的体内都蕴藏着来自古老祖先的遗传信息，都记录着过去几十亿年来地球气候环境变迁的历史，以及对生物特征的修饰和筛选。每个活着的地球生命都是一部鲜活的地球自然历史。把这段自然历史的要点解析出来，我们就能找到地球生命现象的底层逻辑和普遍规律。

也许，当我们这场思想旅行结束的时候，所有的细节（例如分子、生物以及各种生命活动的名称）都没有在你脑海里留下深刻的印象。但是我期待，不管你从事什么职业，有没有生物学的知识储备，都能够从一个全新的维度来理解地球生命的本质，来理解地球生命如何产生，如何变化，如何繁盛至今。我相信，在这个历史性的时刻，我们讨论的很多问题和逻辑，在人类社会中，在我们的日常生活中，都能找到隐隐约约的对应。我也非常期待，这会帮助你更好地理解我们到底是谁，从何而来，又向何处去。

目录

生命

是

什么

生命

是

什么

序曲
地球人和外星人

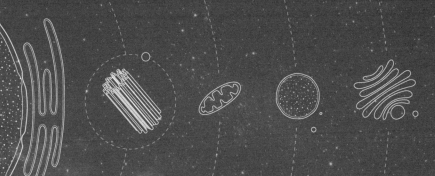

在地球之外，是否还有别的生物生存繁衍？是否也有和地球人类一样的智慧生命，在万里之外眺望着我们？

从月宫里的嫦娥，到火星上的"运河"，人类从古到今都不缺乏仰望星空、神游于凡俗之外的幻想家。对于外星生命的样貌，自然也有各种各样奇妙的想象。外星人科幻的开山之作当属科幻大师赫伯·乔治·威尔斯（Herbert George Wells）的《世界大战》（*The War of the Worlds*）。在这部小说中，来自火星的外星人长着一个硕大无比的脑袋，没有手脚，依靠两排长长的触须行走。而在大导演斯皮尔伯格的想象中，大脑袋、长脖子、小身体的外星人 E.T. 长得又丑又萌，只有一双巨大的眼睛流露出善意。在大多数科幻作品里，为了方便读者想象，外星人往往以类似地球人类的样貌出现。但是从能自动脱水卷成一个小卷儿的三体人，到能够与树木直接形成神经网络的阿凡达，我们还是能看到各种关于外星人样貌的神奇想象。

在我看来，对外星人的想象可能源自人类内心一种特别的孤独感。我们习惯生活在热闹的人群中，喜欢那种邻家鸡犬声、海内存知己的感觉。伴随着地理大发现和信息的全球流通，地球成了地球村，人类开始成为一个血脉相连的整体。作为一个群体概念出现的地球人类，当然也希望有自己的邻居和知己。而我们追寻的目光，必然在地球之外，在茫茫夜空，在宇宙深处。

1968 年，在阿波罗 8 号飞船离开地球、飞向月球的航程中，几位宇航员第一次亲眼目睹了我们这颗蓝色星球的全貌（见图 1）。于是在天文尺度上，全人类瞬间连接成了一个有机的整体，而那种孤独感可能也同时达到了顶峰：在这茫茫星海里，是否还有我们的同类和朋友？

图 1 著名的"地出"照片，拍摄于 1968 年 12 月 24 日平安夜，摄影师是正在月球轨道航行的阿波罗 8 号的宇航员。在这张照片里，我们蔚蓝色的母亲星球刚刚跃升过月球的"地平线"。许多人看到这张照片的第一感觉都是孤独，一种镶嵌在黑天鹅绒般的深邃宇宙背景中的孤独。甚至有人说，这张照片是世界性环境保护运动的发令枪和催化剂，因为它让我们看到自己的母亲星球是如此美丽、脆弱和孤独

那么，地球人类真的有邻居吗？如果有的话，他们在哪儿？

事实上，考虑到整个宇宙的时空尺度，我们可能需要极强的人类"沙文主义"情怀，才会不惮于认定地球人类是宇宙中唯一的智慧生物。从空间上说，地球人类所处的太阳系，不过是直径 10 万光年的银河系边缘一个黯淡的小小恒星系。在银河系里，类似太阳的恒星就有上千亿颗，围绕它们做椭圆运动的行星更是难以计数。而银河系及其所在的拥有上千个星系的室女座超星团，放在半径 460 亿光年的整个可观测宇宙中，同样显得平淡无奇。从时间上说，我们身处的宇宙从大爆炸至今已经走过了 138 亿年的漫长岁月。地球人类从诞生至今不过区区二三十万年，无比辉煌的恐龙时代也不过一两亿年，宇宙的寿命里足够兴起又湮灭数不清的生命奇迹。在这样一个年龄超过百亿年、恒星如恒河沙数（一种估计是 10^{22} 到 10^{24} 颗恒星）的宇宙，生命产生的概率哪怕只有亿万分之一，生命之花也应该早已盛开在天涯海角了。

但是如此想来，我们马上会碰到一个逻辑上的难题——他们在哪儿？

1950 年，著名的物理学家、原子反应堆之父恩利克·费米（Enrico Fermi）在一次闲聊中，提出了一个直白简单的问题："（如果确实存在外星人的话）他们在哪儿？（Where are they？）"这个简单提问背后的思想是很深刻的。首先，考虑到宇宙的空间尺度和天文数字般的行星数量，存在生命的星球应该数量极其庞大；其次，宇宙的年龄又是如此古老，足以允许生命演化出智慧，并驾驶着他们各自的交通工具往来穿梭（毕竟地球人类从走出非洲故乡，到制造出能飞出太阳系的飞行器，只用了区区五六万年）。因此，我们地球人类应该每天都看得到外星人的航天器往来穿梭，有数不清的外星使者前来表达善意或是宣布战争才对啊!

　　当然,费米的提问也可以反过来理解:既然我们不能每天都看到 E.T. 的来访,那么是不是能够反推出其实外星生命(或者至少是智慧生命)并不存在,地球人实实在在就是浩瀚宇宙里的生命奇迹呢?

　　费米悖论陆续衍生出了许多有趣的科学和哲学思考。有从正面进行解读的,认为费米悖论确实证明了地球人类是宇宙中独一无二的存在:宇宙中要么压根儿就不存在其他生命,要么其他生命还没有演化到地球人类这样的智慧水平,要么某些生命虽然曾经辉煌过但是早已在历史中烟消云散。也有从反面进行解读的,认为费米悖论并不能说明外星人不存在,反而可能说明地球人太愚蠢了。可能是由于短短几万年的地球文明还没有足够的时间等到来自外星文明的信息;可能是因为人类太过落后,压根儿就不知道怎么去检测外星文明的信息,更不知道怎么发射信息;也可能是因为其他高级文明很巧妙地隐藏甚至孤立了自己;等等。这个开放性的问题后来成了许多科幻作品的背景,包括读者熟悉的刘慈欣的《三体》。在《三体》中,大刘对费米悖论的解释是,大量的外星智慧生命确实存在,但是由于文明间的生存竞争和交流障碍,所有高级文明都很好地隐藏着自己。

　　费米悖论的一个著名衍生品就是美国康奈尔大学的天文学家弗兰克·德雷克(Frank Drake)于 1961 年提出的德雷克公式:

$$N = R_* \cdot f_p \cdot n_e \cdot f_l \cdot f_i \cdot f_c \cdot L$$

- N = 银河系中可能和我们建立交流的外星文明的数量(当然,我们现在对它究竟是几一无所知);

- R_* = 银河系内部的恒星生成速率；
- f_p = 银河系内部的恒星当中，有行星系或者可能形成行星系的比例；
- n_e = 对于每个有行星的恒星，其拥有宜居环境的（类地）行星的平均数量；
- f_l = 上述行星中，确实有生命存在的行星的比例；
- f_i = 上述行星中，出现智能和文明的行星的比例；
- f_c = 上述行星中，拥有运用科技手段向外太空进行广播的比例；
- L = 上述行星中，向外太空进行传播的时间总量。

这个概念性的公式总结了影响智慧生命之间交流的各种因素，例如恒星数量、恒星是否有行星、生命出现的可能性，等等。严格来说，德雷克公式的目的倒不在于真正计算外星智慧生命的可能性和数量，而在于从逻辑上探讨什么东西影响了我们和外星智慧生命的交流。许多人（包括德雷克本人在内）都对公式的各个参数做过估计，得到的最终计算值 N 的预测范围极广，从仅有万亿分之一个到数百万个。顺便八卦一下，德雷克公式又叫绿岸（Green Bank）公式，是不是很熟悉？我们有足够理由相信，大刘《三体》中的"红岸基地"应该是在向它致敬。

费米的提问实际上也催生了许多搜索外星智慧生命甚至试图与之交流的努力。1960 年，弗兰克·德雷克将射电天文望远镜对准了两颗看起来类似太阳的恒星——天苑四和天仓五，并在 21 厘米波长频段上记录了数百个小时的电磁波信号。这项探索性研究被命名为奥兹玛计划（Project Ozma），令人毫不意外地一无所获，但它孕育了此后延续数十年、至今有成千上万名全球科学家参与的搜寻地外文明计划（search for extraterrestrial intelligence，SETI）。随着技术的发展，在可预见的未来，地球人类将会有能力同时持续监听千万颗量级的恒星信号，极大地提高发现外星智慧生命的能力。

当然，整个SETI计划都基于一个简单但并不显然的假设：那些外星智慧生命（如果真的存在的话）必须积极地、持续地用大功率向全宇宙发射一些容易被破译的无线电信号。从上面的讨论就能看到，这个假设是很有问题的：如果那些文明还没有能力发射高功率的无线电信号呢？如果他们的信号我们无法理解呢？如果他们故意隐藏自己不发射信号呢？因此，把找寻地外智慧生命的希望完全寄托在SETI或者类似的项目上是不明智的。

因此，2009年升空、围绕太阳运行的开普勒空间望远镜（见图2）用的就是完全不同的思路。该任务专注于寻找太阳系之外类似于地球的所谓"宜居"行星。它的逻辑是，我们先不谈外星人是不是会发来信息，看看是不是真能找到适合人类居住（因此也有可能适合类似地球生命的外星生命出现）的行星再说。等找到了这样的行星，我们再去有针对性地探测外星智慧生命。开普勒任务硕果累累，在几年时间内就发现了上千颗新行星；而主持开普勒任务的美国国家航空航天局（NASA）在过去几年里一次又一次地玩着发现了各种"另一个地球"的标题党游戏。当然，这些发现与其说解决了或者要解决费米悖论，不如说强化了费米悖论：一次任务就发现如此多的行星和类地行星，不就更能说明地球和地球人类在宇宙中其实并不特别，也并不孤单吗？

图 2 开普勒空间望远镜的艺术想象。简单来说，当行星围绕恒星公转，恰好处于地球和该恒星之间时，就会部分地遮挡恒星的光信号。因此从地球上看，恒星的光信号就会出现周期性的波动，根据波动的频率和强弱可以推断出行星的公转周期、质量和半径等信息。同时，温度较低的行星在吸收恒星的光后会发射频率较低的信号，这个信息也可以帮助我们推断该行星的元素构成。2015 年 7 月，各大媒体都在热炒的所谓"第二个地球"，就是开普勒空间望远镜发现的新类地行星 Kepler–452B

如果把开普勒任务的逻辑推演到极致，就不得不引出另一个概念——"戴森球"（Dyson sphere）。1960 年，美国物理学家弗里曼·戴森（Freeman Dyson）在一篇学术论文中提出了一个想法：如果外星智慧生命演化到一定程度，行星本身的能量很可能已经不够用了，因此近乎必然地会试图利用整个恒星产生的能量。实际上人类已经在做了：在地球和太阳轨道运行的各种人造航天器都或多或少地需要利用太阳能。那么，当外星文明发达和扩张到一定程度，吸收和利用恒星能源的各种"人"造物体将会以极高的密度存在于恒星周围，在极端情况下甚至可以像一个"球"一样包裹住整个恒星（见图 3）。这样的所谓戴森球结构，可能会密集到足以像行星那样遮挡恒星的光线；与此同时，这些人造物体由于温度会大大低于恒星，因此在吸收恒星能量后会产生波长长得多的红外辐射。因此在戴森看来，利用这一点寻找戴森球，可以帮助我们定位那些遥远的高度文明的外星生命。

图 3　一种幻想中的戴森球。戴森球还有不少有趣的变种，比如戴森环、戴森网、戴森云，等等。它们的基本逻辑是类似的：大量用于采集恒星能量的"人"造物体包围在恒星周围，产生了可以在万里之外被检测到的光谱变化。从某种意义上说，人类已经处于建设戴森球的最初级阶段，我们所制造的上千颗人造地球卫星和太阳系内的飞行器，都会采集太阳能并产生微弱的红外辐射

这听起来特别科幻，但是开普勒空间望远镜其实就是依靠这个指标来寻找和分析行星的。那么自然就会有科学家利用开普勒发回的数据来分析和寻找可能存在的戴森球了。实际上，在 2015 年，科学家在世界各地的天文爱好者的帮助下，真的从浩如烟海的开普勒数据中找到了这么一个可能的戴森球！这颗被命名为 KIC 8462852、距离我们 1480 光年的恒星，似乎总是被形状不规则、轨道高低不同、周期也不固定的许多物体环绕和遮挡着，这一现象看起来无法用任何已知的天文现象（例如行星、巨大的彗星、星际尘埃等）所解释。难道这是一个并未完工的戴森球？如此震撼的发现当然需要更多更细致的研究，在这一发现的启发下，SETI 利用阿伦射电望远镜阵列

对 KIC 8462852 进行了 180 小时的无线电监听。就在你读到这本书的时候，全世界还有许多大型的望远镜在持续追踪着这个奇怪的天体（当然，即便不是戴森球，科学家也希望能更好地理解这个反常的天文现象）。不过，目前并没有发现什么可疑信号，但是发现 KIC 8462852 的故事至少说明寻找戴森球已经不完全是个科幻概念，人类已经实实在在地具备了这个能力。在这个思路的指引下，我们寻找外星智慧生命的视野将会极大地拓宽，因为我们可以抛开解码无线电信号，或是寻找类地行星的局限，直接通过观测恒星光谱就可以尝试寻找一个高度先进的外星文明了。

在被动的寻找之外，人类更激进的尝试是干脆直接向太空广播，让"别人"听到或看到我们的存在。当然，这样我们需要解决的问题比被动地等待要多得多，地球人类目前的技术水平没办法对着全宇宙广播，因此需要挑选出极少一部分星体有针对性地发送信息。问题之一是我们怎么知道应该冲着哪些星星打招呼呢？而下一个问题就更麻烦了：我们怎么知道和"他们"说什么？要知道，即便是在同一个地球上生活、彼此分开不过短短几万年的人类，都已经发展出成百上千的语言类别，那么彼此远隔千万光年、所处环境截然不同的文明之间肯定有着巨大的交流障碍。

所以从某种意义上说，主动广播有点像行为艺术，与其说是要严肃地和外星智慧生命建立联系，倒不如说是在热热闹闹的现代生活里，给地球人类一个总结和反省的机会。

上点年纪的读者可能都记得著名的旅行者金唱片（见图 4）。1977 年，美国发射的两艘旅行者探测器（旅行者 1 号和旅行者 2 号）分别携带了一张镀金的唱片，里面记录了来自地球的声音和图像，有 55 种人类语言录制的问候语（包括了我们的普通话、粤语、闽南语和吴语），还有当时的美国总统和联合国秘书长的问候。难道我们还期待外星人能够理解巴赫的音乐有多美、什么是联合国、秘书长是干嘛的吗？

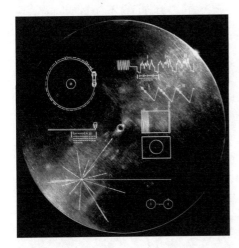

图4 旅行者金唱片的封面。图案上半部分提供了简单的解读唱片内信息的方法（例如左上部分就是介绍如何置放唱片针、转速多快，等等；右上部分介绍的是如何将唱片里的模拟信号转换为二进制信号，从而读出图片、音乐等信息）。下半部分的信息是太阳系在银河系中的位置（左下）和氢原子的能级转换时间（右下）。2013 年，旅行者 1 号历经 36 年 187 亿千米的远行，终于离开太阳系，进入人类从未涉足过的恒星际空间，带着全人类的光荣和梦想向银河系深处挺进。尽管电池失效的它再也不会向地球发回任何信号，但是想到在茫茫宇宙中还有这么一颗人类文明的小小种子，全人类都应该感到骄傲和温暖，并更加团结

其实，不管是思辨式的费米悖论和德雷克公式，还是实践中的 SETI 和各种主动广播，都还没有提供任何线索，能够哪怕稍微提示一下外星生命是否存在，更不要说外星智慧生命了。据悲观的估计，在我们这几代人的生命历程里，我们可能难以得到任何一点点有意义的线索。毕竟，前后几十年的光阴、直径一万多千米的地球，在大宇宙里实在是太微不足道了。

1974 年，位于加勒比海波多黎各的阿雷西博射电望远镜（见图 5）向两万五千光年以外的 M13 星系团发射了著名的"阿雷西博信息"，这条长约 210 比特、功率 1000 千瓦的信息描述了十进制、DNA 的化学构成、人类

的外貌、太阳系的结构以及阿雷西博望远镜的样貌——这些信息浓缩了当时人类文明的最高成就。然而，即便微弱的信号真的能跨越两万五千光年的距离，即便 M13 星系团上真的有智慧生命解读了这条信息，即便他们当真充满善意地回复了地球人的呼叫，地球人类也还需要等待往复五万年才能听到他们的答复！要知道在五万年前，人类的祖先还在源源不断地走出非洲，现代中国人的祖先还在漫漫迁徙路上。那个时候，祖先无时无刻不面临着猛兽、疾病和自然灾害的威胁，应该还没有什么闲情逸致仰望星空或者钻研数字。又有谁能够估计，五万年后的人类相比今天的我们会有怎样的变化，当他们（万一）接收到了来自 M13 星系团的回答，会是怎样的心情？我们需要担心吗？我们应该感到高兴吗？我们真的可以找到同类，真的可以被其他文明所理解吗？

图 5 阿雷西博射电望远镜，直径 350 米，曾经是全世界最大的射电望远镜，但是如今已经被中国正在建设的 500 米口径球面射电望远镜（FAST）超越

不管地球人类寻找同类的愿望有多么热切，在我们这一代人的短短几十年生命中，估计很难得到任何确定性的"有"或者"没有"的答案。既然很多时候我们只能被动等待外星生命的出现，那么我们倒不如反求诸己，先追问一下地球上的智慧生命——我们自身——到底是怎么来的，又是如何演变成今天这个样子。这样的追问也许可以帮助我们更好地理解外星生命是否存在，如果真的存在，大致会是什么样子的。

带着这个目的，我们来讲讲人类的生命到底是什么以及人类智慧背后的生物学故事。

在46亿年前，炽热的原始地球在宇宙尘埃的余烬中逐渐成形，并慢慢冷却形成坚硬的外壳。外壳不断地被撕裂又闭合，岩浆从地底深处带来的浓烟笼罩大地，而彗星这样的宇宙流浪者为地球带来了最早的水。在这个表面被沸腾的海洋覆盖、终日雷鸣电闪、饱受火山喷发和陨石雨摧残的地球上，生命开始了漫长的旅程。今天人们找到的化石证据证明，最晚在35亿年前地球上已经出现了细菌，而间接的证据（例如碳同位素检测技术）提示我们，哪怕是在更早的40多亿年前，在那个我们今天的人类难以想象的人间炼狱中，已经有了生命的最初痕迹。

斗转星移，沧海桑田，40多亿年过去，我们这种在分类学上被归入脊索动物门、脊椎动物亚门、哺乳纲、真兽亚纲、灵长目、类人猿亚目、人科、人属、智人种（Homo sapiens）的生物，作为我们星球上唯一一种智慧生命"君临天下"。40多亿年太久太久，我们也许永远都不可能真正地为我们的生命和智慧寻根溯源，但是这段壮丽历史中的许多重要事件，却早已成为了我们的一部分。因此，如果能对这些构成"我们"的要素做一点回顾，也许能让我们更好地理解生命和智慧生命，更好地帮助我们猜测在茫茫宇宙中到底有没有我们的同类。

让我们开始吧！

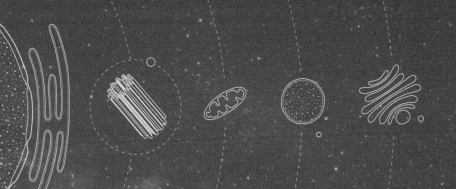

第1章

生命是什么：从灵魂论到物理学

生命是什么？或者说，一个东西到底需要具有什么样的特征，才会被我们地球人类看作生命？

基于日常经验和直觉，我们很容易回答这个问题。路边的一堆石头瓦砾，对比一棵树，一只猫，一个人，区别似乎是显而易见的。杨柳新枝，春华秋实，我们看得到树木的变化；一会儿上蹿下跳，一会儿呼噜噜睡觉，我们也看得到小猫的变化。至于我们人类自己，除了吃喝拉撒睡，还能用语言交流，能理解抽象的概念。这一切都和那一堆静静待在那里、看起来没有丝毫变化的瓦砾石头很不一样。

但是这些"不一样"背后的本质差别是什么呢？我们看到的这些"变化"又是如何产生的？是哪些要素构造和推动了生命现象呢？而最终我们将不得不面对的问题则是，这些构成生命现象的要素，真的是人类智慧可以最终理解的吗？

三种灵魂

最后这个问题看起来似乎不言而喻。读者想必都受过相当一段时间的正经科学教育，自然而然地会用唯物主义的眼光来看待生命：生命现象再复杂精巧，也必定是有物质基础的，也必定是存在一个科学解释的。哪怕今天我们还不知道这种物质基础和科学解释是什么。

但是在很长一段时间里，人们普遍相信生命具备一种神秘难解的特性。

这一点倒也不难理解。在我们的前辈看来，生命现象实在是奇妙得不可思议。生命看起来居然能够自然发生——一潭污秽的死水里会飞出蚊子，一堆腐烂的野草里会爬出萤火虫；生命看起来居然会持续变化——小孩子会逐渐长大成人，青草也可以岁岁枯荣周而复始；生命居然还可以一去不复返——煮熟的鸭子不会飞，逝去的亲人从此阴阳两隔。这一切都提示着，生命现象看起来必然具备一种超越了具体物质组成的、形而上学的神秘特性——我们姑且叫它"生命特殊论"好了。

古希腊的亚里士多德是古代世界许多哲学和科学思想的集大成者，他把这种神秘特性称为"灵魂"。在他看来，这种叫灵魂的东西看不见摸不着，却能够赋予生命体各种各样的神奇属性。

亚里士多德认为植物有一种灵魂，催使它们不断地生长繁殖；动物则多了一种灵魂，负责感知和运动；而我们人类有三种灵魂，除了动物的两种灵魂外，还有一种负责理性思考的灵魂（见图1-1）。

图1-1　亚里士多德提出的三种灵魂

刻薄一点说，这套理论不过就是把人人都能看到的东西，换了几个抽象的词重新说了一遍而已。植物能长高长大，还能开花结果，这一切必须有个东西来驱动，所以植物必须有负责生长繁殖的灵魂。动物除了生长繁殖之外，还会吃，会叫，会运动，所以还需要指导感知和运动的灵魂。至于我们人类自己，作为万物之灵，我们还会思考，会做数学题，因此需要理性灵魂的驱动。

显然，亚里士多德的灵魂理论并没有真的解决任何问题。说物质因为这三种灵魂才有了生命力，和说水能流动是因为"水性"、火车跑得快是因为"移动性"一样，属于循环论证式的自说自话。至于这三种灵魂到底是什么东西，我们除了命名它们之外还能对它们做些什么样的研究，亚里士多德和他所处的时代显然还没有能力回答。

除此之外，亚里士多德的灵魂理论有一个非常令人不安的特点。他说的这种叫灵魂的东西，并不是一种具体的、看得见摸得着、可以对此开展观察和研究的实在物质，而是生命的一种"表现形式"。

换句话说，按照亚里士多德的理论，灵魂这种东西只有活着的生物才有，而且并不和任何具体物质绑定。就算有人把一棵树或者一只猫层层剖开，用最先进的仪器一点点分析它们的物质构成，也是绝对不可能把灵魂这种东西找出来的。这就从逻辑上阻止了人类对生命本质进行任何实际的探究。因此，如果生命的本质真的如亚里士多德所言，那么人类只能千秋万代地在"灵魂"这个不可触碰、难以挑战的概念面前顶礼膜拜。

这种听天由命的不可知论态度遭到了许多人的猛烈批判，特别是当欧洲文明走出中世纪的阴霾，重新捡拾起理性和创造力之后。

在17世纪的法国哲学家勒内·笛卡儿（Rene Descartes）看来，哪里有什么虚无缥缈的灵魂，生命现象完全可以用冷冰冰的科学定律来解释，甚至只需要用人类已知的简单机械原理就足够了。

笛卡儿的这种思想被他的忠实追随者、法国发明家雅克·德·沃康松（Jacques de Vaucanson）用一种戏剧化的方法呈现了出来。沃康松制作了一只机械鸭子（见图1-2）。在发条的驱动下，这只鸭子能扇翅膀，能吃东西，甚至还能消化食物和排泄。

图1-2 沃康松的机械鸭子

当然了，沃康松的鸭子并不是真的能消化食物。它仅仅是依靠发条驱动张开"嘴巴"，把"吃"下去的食物存在肚子里；随后又把肚子里预先存好的排泄物从屁股那里"排"出来而已。但是这只火遍了全欧洲的机械鸭子却实实在在地引领了机械论生命哲学的风潮。既然简单的几根发条就能以假乱真地模拟出运动乃至食物消化吸收的功能，那假以时日，人类的能工巧匠真的能仿制出生物体的某些机能，也不是不可想象的吧？再推演得更远一步，我们是不是也能说，生命现象不管看起来多么复杂，多么不可思议，应该也是某些简单的机械原理驱动的吧？它应该也是可以被我们人类所理解的吧？我们又何苦需要一个高高在上的灵魂概念来解释生命呢？

但是很遗憾，这种早期的乐观主义情绪却没能持续多久。回头来看，在那个时代，相比起生命现象的复杂程度，人类的知识储备实在是太薄弱了。

再举一个我们耳熟能详的例子：动物从受精卵到成熟个体的发育过程。在上百年的时间里，人们一直没有找到办法能把机械理论和胚胎发育的过程自洽地融合在一起。一枚小小的受精卵能够从小变大，最终变成一个和父母相似的生物，这件事怎么看也不像是杠杆滑轮一类的机械系统能够解释的。就算假设受精卵里存着一幅生物体的设计蓝图，那总得有建筑师按照这张蓝图施工吧？这个建筑师又藏在哪里呢？

在 19 世纪末，德国科学家汉斯·杜里舒（Hans Driesch）更是发现了一个耸人听闻的现象。他收集了处于四细胞期（即受精卵经过了两次细胞分裂）的海胆胚胎，然后把四个细胞分裂开来单独培养。按照机械论哲学的预测，这四个细胞应该会分别变成海胆的一部分，拼起来才是一个完整的海胆。但是实验结果却是，四个细胞分别长成了体形较小，但是形态仍旧正常的海胆（见图 1-3）！这种奇怪的现象，如果不动用某种类似于"灵魂"的概念，来说明生命现象有某种凌驾于物质之上的、系统性的甚至精神性的规律，好像还真的不好理解。毕竟对于任何一种人类机械，如果大卸四块，估计都将立刻停止工作，怎么可能会变成四个个头较小的机械？

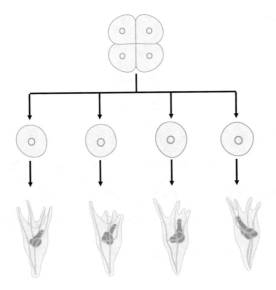

图1-3　海胆胚胎四个细胞分离开，各自都可以长成完整的海胆

因此说来也很无奈，在亚里士多德逝世两千年后的 19 世纪，他大多数具体的科学论点，比如五种元素构成世界、物体运动是因为推动力的存在，都已经被后辈科学家无情地抛弃或是修正了。然而他关于生命源自"灵魂"驱动的理论却近乎完整地保留了下来，并且以所谓"活力论"的形式重新成为科学主流。甚至连铁杆的机械论者笛卡儿，在谈及人类心智的时候还是举起了所谓"二元论"的大旗。尽管他宣称动物和人类的身体可以还原到基本的物理化学定律，但是在他看来，人类心智还是太过复杂奥妙，是无法用机械论解释的。

当然，毕竟两千年过去了，人类的科学知识储备和亚里士多德时代相比不可同日而语。因此，相比自说自话的"灵魂"论，生逢其时的"活力"学说有了更清晰的科学基础。

活力论的兴衰

18 世纪，现代化学诞生了，许多原本复杂难解的自然现象得到了解释。法国科学家安托万-洛朗·德·拉瓦锡（Antoine-Laurent de Lavoisier）利用燃烧实验推翻了燃素学说。从此人们才开始明白，跳动的火苗、五颜六色的烟火，这些让人目眩神迷的现象，实质上只是不同物质和氧气的化学反应。为了解释常见化学物质的构成，拉瓦锡还从古希腊人那里借用了"元素"的概念，认为世间万物都是由不同元素（即不可再分的化学物质）组合而成的（拉瓦锡制作的第一份元素列表见图 1-4）。

TABLE OF SIMPLE SUBSTANCES.

Simple substances belonging to all the kingdoms of nature, which may be considered as the elements of bodies.

New Names.		Correspondent old Names.
Light	- - -	Light.
Caloric	- - -	Heat. Principle or element of heat. Fire. Igneous fluid. Matter of fire and of heat.
Oxygen	- - -	Dephlogisticated air. Empyreal air. Vital air, or Base of vital air.
Azote	- - -	Phlogisticated air or gas. Mephitis, or its base.
Hydrogen	- - -	Inflammable air or gas, or the base of inflammable air.

Oxydable and Acidifiable simple Substances not Metallic.

New Names.		Correspondent old names.
Sulphur	- - -	
Phosphorus	- - -	The same names.
Charcoal	- - -	
Muriatic radical		
Fluoric radical	- -	Still unknown.
Boracic radical		

图 1-4 拉瓦锡制作的第一份元素列表，表中列出了当时已知的许多重要元素（例如氢、氧、硫等）。值得注意的是，拉瓦锡仍然把光（Light）和热质（Caloric）列为元素

更进一步地，英国科学家约翰·道尔顿（John Dalton）天才地提出了原子论，认为化学物质无非是不同化学元素的原子微粒组合而成的，而化学反应的本质其实就是这些原子颗粒的重新排列组合。在元素学说和原子论的光芒照耀下，整个 19 世纪，在来自世界各地的矿藏中发现了大量的新元素和新化合物。因此人们自然而然地想到，也许生命现象的本质就是某种特殊的化学物质，或者是某种特殊的化学反应？

也就是从这里开始，人们重新开始试图用还原论的思想理解生命现象。

稍晚些时候，生物学领域也收获了重要的突破。法国生物学家路易斯·巴斯德（Louis Pasteur，见图 1-5）受酒商的委托解决啤酒和葡萄酒变质的问题，因此他仔细研究了啤酒的正常发酵过程。很快他发现，发酵和变质

图 1-5　巴斯德，微生物学之父。巴斯德不仅证明了发酵过程是由微生物驱动的，而且进一步提出人类疾病也可能是微生物导致的。他发明了沿用至今的巴氏消毒法杀灭食物中的微生物，还制作了世界上第一个狂犬病疫苗

本质上是一回事。无论是糖到酒精的正常发酵过程，还是糖到乳酸的变质过程，都需要一种微小的单细胞生物——酵母——的参与。更重要的是，只有活酵母才能驱动发酵和变酸的反应，如果把葡萄预先高温处理，杀死酵母，那么葡萄汁放得再久也不会发生变化。

从这个简单的观察出发，巴斯德推测，许多生命现象（包括许多人类疾病）可能都是由微生物引起的。他的这些研究标志着微生物学的诞生，人类从此开始正视这个看不见摸不着但同样生机勃勃的生物世界。也正是因为有了巴斯德的伟大发现，今天的我们才有了灭菌术、抗生素和各种各样的疫苗。

不过，对于我们的故事而言，可能更重要的是巴斯德戏剧性地把他的发现向前（错误地）推演了一步。他认为，既然只有活酵母才能催化发酵过程，那么反过来，发酵就是只有生命才具备的化学反应。也就是说，生命和非生命的界限可能就在于许许多多类似发酵的、只有在生命体内才能进行的化学过程。

在这些学科大发展的背景之下，瑞典化学大师永斯·雅各布·贝采利乌斯（Jöns Jakob Berzelius）从亚里士多德和笛卡儿那里接过了生命特殊论的大旗，为这种哲学理论赋予了全新的科学内涵——活力论。

和亚里士多德一样，贝采利乌斯同样认为生命有着独特的、被他称为"活力"的性质。贝采利乌斯认为，所谓活力就是某些特殊的化学物质和化学反应。它们只存在于活着的生物体内部，绝不会在自然界自然出现。这些特殊的活力物质和活力反应，正是生命现象的物质基础。

拿跨越两千年的灵魂论和活力论比较一下，你会发现背后有一种一脉相承的生命特殊论哲学，人类对生命现象的理解居然是如此步履蹒跚。

但是，活力论虽然看起来是改头换面的灵魂论，但是两者的出发点是完全不同的。就像我们刚刚说到的，亚里士多德的灵魂论等于是彻底放弃了人类理解生命现象的可能性，臣服于复杂难解的生命现象之下，但是贝采利乌斯的活力论却是可以接受科学实验检验的。

根据贝采利乌斯的理论，如果人类科学家确实在生命体内部找到了某种特殊的化学物质或者化学反应，而这种物质或反应绝对不可能在非生物环境中出现，那我们就能够骄傲地宣称我们理解了生命的本质；反过来，如果我们"上穷碧落下黄泉"之后也没发现生物体内有任何特殊的东西，那至少可以说活力论是一种错误的假设，我们还得继续去探寻生命的解释。

因此，和灵魂论不同，活力论简直是人类智慧对生命现象下的一道挑战书。科学之所以从诞生之日起不断推陈出新，恰恰是因为它的这种勇气和开放性。在科学的语言里，没有"自古以来"，没有"理当如此"。在证据面前曾经倒下过数不清的科学假说和思想，但是对客观世界规律的深入探索却从未停步。

而历史的巧合是，建立活力论的是化学家贝采利乌斯，给活力论敲响第一声丧钟的也是化学家——居然是贝采利乌斯的学生。这种巧合所反映的也许恰是科学探索的百折千回和柳暗花明。

1824 年，德国化学家弗里德李希·维勒（Friedrich Wöhler）在实验室开始了一项新研究，他试图合成一种名为氰酸铵的化学物质。为此，他将氰酸和氨水——两种天然存在的物质——混合在一起加热蒸馏，然后分析烧瓶里是否出现了他希望得到的新物质。但他发现，反应结束后留在烧瓶底部的白色晶体并不是氰酸铵。

到了 1828 年，他终于肯定了这种白色晶体的成分其实是尿素：

$$NH_3 + HNCO \rightarrow [NH_4NCO] \rightarrow NH_2CONH_2$$

氨　　氰酸　　　氰酸铵　　　　尿素

这个结果让他困惑不已[①]。实际上，在此前的几年里，维勒与其说是在慢慢揭示这种白色晶体的成分，倒不如说他是在反复确认尿素这个发现的正确性。[②]

维勒如此小心谨慎不是没有原因的。因为尿素——顾名思义，是一种从动物尿液中纯化出的物质——是一种不折不扣的仅有生物体才能合成的"活力"物质！换句话说，维勒的意外发现证明，所谓的活力物质——或者至少某些活力物质——没有什么神秘的，完全可以直接利用天然存在的物质简单方便地制造出来。

当然，和所有违反常理的发现一样，维勒的实验结果遭遇了全方位的质疑和挑战。其中最有趣的一种是怀疑维勒在做试验过程中不小心接触到了烧瓶里的反应物质，从而把自身的"活力"传了过去（我们可以想象，这确实是一种逻辑上自圆其说、无法证伪的解释）。不过在维勒之后，越来越多的

①　直到今天，我们仍然不十分清楚为何氰酸铵会自发重排为尿素。
②　据说，当确认了实验的产物明白无疑就是尿素之后，维勒兴奋地给他的老师、活力论的集大成者贝采利乌斯写信说："我必须要告诉您，我能够完全不依靠动物的肾脏制造出尿素来！"而老师的反应是："你干脆说你能在实验室制造出一个孩子来算了！"

"活力"物质被化学家合成了出来。1844 年，受到维勒实验鼓舞的德国化学家赫曼·科尔伯（Hermann Kolbe）合成了第二种"活力"物质——醋酸。之后越来越多的化学家在实验室的瓶瓶罐罐里制造出了花样繁多的"活力"物质，活力论的阵脚开始松动了。

其实如果从逻辑上说，维勒的尿素合成和科尔伯的醋酸合成本身并不能说明生物体内就不存在活力物质和活力反应。反对者完全可以修改对活力物质的定义，认定能被轻易合成的尿素和醋酸根本就不是什么活力物质，真正的活力物质仍然隐藏在生命体复杂的活动之后，不轻易露出庐山真面目。这正是为什么在此之后巴斯德仍然会（错误地）认为发酵是生命体内独有的化学反应。

但是站在历史的进程中看，人类又一次走到了解释生命现象的十字路口。

道理是显然的，既然尿素和醋酸这样的"活力"物质在实验室里也可以批量制造，那么生产这些"活力"物质的化学反应过程应该也不神秘，完全可能在实验室重建出来。这样的话，我们就不一定需要借助某种仅存在于生物体内部的东西才能解释生命的某些活动了——至少生物制造尿素和醋酸的过程就不再需要这种假设了。

既然如此，那为什么不干脆一些，假设生命现象本质上和自然界发生的物理化学现象并没有什么明确的界限？或者，为什么不干脆用已知的物理和化学规律去解释整个生命现象呢？

烧瓶里的原始地球

真正为灵魂论和活力论钉死棺材板，在物质层面彻底葬送生命特殊论的，是大名鼎鼎的米勒－尤里实验。

1952 年，美国芝加哥大学的博士新生斯坦利·米勒（Stanley Miller）对地球生命的起源问题产生了浓厚的兴趣。他说服了自己的导师、诺贝尔化学奖获得者哈罗德·尤里（Harold Urey），设计了一个即便在今天看来也有点科幻色彩的实验。

米勒的野心是在小小的实验室里模拟原始地球的环境，看看在那种环境里，构成生命的物质能否从无到有地自然产生。可以看出，米勒的目标比单纯在实验室里合成某种"活力"物质要激进得多。他的希望是检验在远古地球环境中，各种"活力"物质能否自发地出现。

根据当时人们对原始地球环境的猜测，米勒搭了一个略显简陋的实验装置（见图 1-6）。他在一个大烧瓶里装上水，点上酒精灯不断加热，模拟沸腾的海洋。他还在装置里通进氢气、甲烷和氨气，模拟上古时代的地球大气。米勒还在烧瓶里不断点燃电火花，模拟远古地球大气的闪电。实验的真实情景可以想象：在酒精灯的炙烤下，"海水"不断蒸腾，浓密的水蒸气升入"大气"，形成厚厚的云层。浓云中雷鸣电闪，暴雨倾盆，又在不断搅动沸腾的"海洋"。这套简单的装置，可以说是米勒对原始地球环境一种非常简单、非常粗糙的还原。

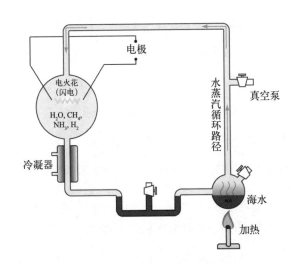

图1-6 著名的米勒－尤里实验（Miller–Urey experiment）。米勒让水在通电的气体烧瓶（左上）和加热的液体烧瓶（右下）之间循环往复，从而模拟了原始地球海水沸腾、电闪雷鸣、暴雨倾盆的情景

　　短短一天之后，某些奇怪的事情就发生了——烧瓶里的水不再澄清，而是变成了淡淡的粉红色，一定有某些全新的物质生成了。即便有这样的心理准备，当一周之后米勒停止加热，关掉电源，从烧瓶里取出"海水"进行分析的时候，结果还是大大出乎他的意料。海水中出现了许多全新的化学物质，甚至包括五种氨基酸分子！

　　众所周知，氨基酸是构成蛋白质分子的基本单位。地球上所有生命体中的蛋白质分子，都是由20种氨基酸分子排列组合而成的。而蛋白质是什么？蛋白质是组成地球生命的重要物质，人体内蛋白质分子占到了体重的20%，仅仅少于水分所占的比例。在人体的每一个细胞里，都有超过10亿个蛋白质分子驱动着几乎全部生命所需的化学反应：支撑细胞结构、传递细胞信号、复制和翻译遗传信息、产生和消耗能量，等等。说氨基酸分子是构成地球生命的基石，一点也不为过。

米勒只需要短短一周，就在一个容量不过几升的瓶子里制造出了氨基酸，那么在几十亿年前的浩瀚原始海洋里，在数千万年甚至上亿年的时间尺度里，从无到有地构造出生命现象蕴含的全部化学反应，制造出生命所需的所有物质，乃至创造出生命本身，是不是也就不是那么难以想象了？既然如此，我们哪里还需要生命特殊论？至少在物质构成的角度上，包括人类在内的地球生命，并没有什么特殊之处。灵魂也好，活力也好，瞬间变成了多余的假说。

当然，用今天的眼光看，米勒－尤里实验的设计和解读是有不少缺憾和问题的。在 2007 年米勒去世后，他的学生仔细分析了 20 世纪 50 年代留下的烧瓶样本，证明其中含有的氨基酸种类要远多于最初发现的五种——甚至可能多至三四十种。这一发现更强有力地说明了制造构成地球生命的物质并非一件很困难的事情。但是另一方面，今天的研究者倾向于认为早期地球大气根本没有多少氨气、甲烷和氢气，反而是二氧化硫、硫化氢、二氧化碳和氮气更多。因此米勒－尤里实验的基本假设就是错误的。当然，后来的科学家（包括米勒的学生）也证明了即便是在这样的条件下，只需要加一些限定，仍然可以很快地制造出氨基酸。

作为经典的自然课演示实验，米勒－尤里实验在全世界的课堂上被重复过成千上万次。烧瓶里沸腾翻滚的液体，不时击穿浓浓烟雾的电火花，成为许多孩子认识生命现象的第一课。

生命是什么

从灵魂论到活力论，从尿素合成到米勒－尤里实验，随着我们一点点地抛弃生命特殊论，一步步将神秘莫测的生命现象还原到基本的物理和化学定律，生命和非生命之间的界限在不断模糊。

本来我们以为，生命的本质是某种看不见摸不着、但能够赋予生物体生机和活力的"灵魂"。后来我们认为，生命的本质是某些仅有生命体才能生产的化学物质，或者是某些只有生物体才能驱动的化学反应，又或者是某几条仅有生命中才存在、超脱于基本物理和化学规律之上的法则定理。然而随着越来越多的生命现象能够被人工重现或模拟——一开始是物质，接着是化学反应，随后可能是法则和定理——我们好像反而越来越难以确定生命的定义。

也正因为这一点，许多生物学家干脆倾向于避免给生命下一个边界明确的科学定义。在他们看来，有没有这个定义根本不影响我们研究生命现象。毕竟，不需要什么严谨的科学定义，我们也都知道一棵树或一只猫是"活的"，也自然会把树和猫作为生物学的研究对象。相反，非要给出这样一个定义，反倒会让科学研究束手束脚——最好的例子就是已经被证明是错误的活力论。如果说生命的本质是新陈代谢，是与环境之间持续的能量和物质交换，那一台呜呜作响的蒸汽机是不是生命？如果说生命的本质是自我复制，万一我们造出一套能打印自己的3D打印机怎么办？如果说生命的本质是对环境做出反应，那自动抓拍超速和闯红灯车辆的摄像头又算什么？

必须承认，在我们的故事里，讲到米勒－尤里实验为止，我们对生命现象的解构仅仅到了物质层面，距离真正理解生命现象背后的运行原理，还差得远呢。不过我们还是得说，科学的进步给了我们足够的自信，让我们在面对仍旧复杂难解的生命现象时，不需要再不由自主地祈求某种神秘存在——不管是灵魂还是活力——的帮助了。尽管我们距离真正理解生命还有很遥远的距离，但是我们的科学知识储备让我们相信，生命现象完全可以被我们所能理解的科学所解释。

例如，在清朝末年的时候，想要给中国人解释照相机的工作原理可能是一件非常危险的事情。历史文献里记载了许多当年的达官贵人在面对相机时的惊慌失措，也记录了许多流传于市井的谣言。例如这东西能吸取人的魂魄，乃是洋鬼子造来害中国人的神兵利器，等等。但是在今天，哪怕是面对世界上最复杂的人造物体——波音飞机、核电站或是神舟飞船，我们也可以自信地判断，它们的运行一定遵循着这个世界的物理和化学定律，并不需要什么神秘的"灵魂"和"活力"。这并不是因为今天的我们比百年前的祖先更聪明睿智，而是因为我们拥有了一定的科学储备，明白人类的科学进步足以支撑这些复杂装置背后的运行原理，哪怕我们自己的所学还远不足以理解这些原理。

这其中的道理被一位物理学家总结得透彻无比。1944 年，量子力学奠基人之一、波动方程的创造者埃尔文·薛定谔（Erwin Schrödinger）出版了著名的《生命是什么》一书（见图 1-7）。在这本"跨界"作品里，薛定谔雄辩地指出，尽管在高度复杂的生命体中很可能会涌现出全新的定律，但是这些新定律绝不会违背物理学规律。遵循这个观念，薛定谔提到生命活动需要"精确的物理学定律"，他设想生命的遗传物质是一种"非周期性晶体"，而遗传变异则可能是"基因分子的量子跃迁"。他敏锐地提出，生物体需要不停地从环境中攫取"负熵"，才能避免死亡和衰退。而此后半个多世纪的生物学突破（在随后的章节里我们将一一道来）一直在印证薛定谔的自信预言。

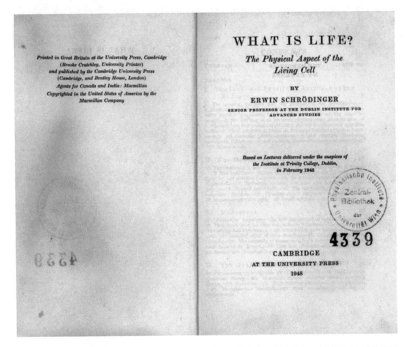

图1-7 1948年版的《生命是什么》。作为外行的薛定谔，凭借这本书深刻影响了此后数十年的生物学研究。分子生物学的许多先驱人物，例如德尔布鲁克和克里克，都承认受到了这本书的巨大影响。这本书也吸引了大量物理学家进入生物学领域，间接催生了分子生物学革命

　　这种自信，可能也是到此为止我们的故事里最大的收获。

　　我们希望最终理解生命，理解我们自己。而为了实现这个愿望，我们必须首先假定生命是可以被我们理解的，生命现象里没有超越我们认知能力的神秘物质和规律。这听起来似乎有点危险，不过能让我们稍稍放心的是，从灵魂论到活力论，从尿素合成到米勒－尤里实验，从薛定谔的预言到今天，这个假定还看不到有被挑战和推翻的迹象。只有当人类最终完全理解生命现象之后，我们才可以回头骄傲地宣称，生命现象已经被人类智慧所征服，我们终于不再需要这个假定了！

　　这一天仍旧遥远，但是我相信它终将到来。

第2章
能量：生命大厦建筑师

从砖头瓦块到生命大厦

从维勒的尿素到米勒的烧瓶，建造生命的原材料问题得到了部分解决。看起来不管是在实验室的烧瓶里，还是在远古地球的环境中，制造出组成地球生命大厦的砖头瓦块，应该都不是什么难事。在今天的实验室里，我们更是可以轻而易举地制造出地球生命体内最复杂的物质。

一个例子是蛋白质分子的制造。我们已经讲过，蛋白质分子是生命现象最重要的驱动力，是绝大多数生物化学反应的指挥官。它们一般由少则几十个多则几千个氨基酸分子按照特定的顺序首尾相连而成。这条氨基酸长链在细胞内折叠扭曲，像绕线团一样，形成复杂的三维立体结构。蛋白质分子就像精密设计的微型分子机器，它们的功能往往依赖这种特别的三维结构。在一个蛋白质分子中，哪怕有一个氨基酸装配的错误、一丁点三维结构的变形，都可能彻底毁掉这台分子机器。

而在今天的实验室里，我们已经可以利用化学合成的方法，以 20 种氨基酸单体为原料，组装出这样的精密分子机器。

我们耳熟能详的中国科学家人工合成牛胰岛素的工作就是一个很好的例子。牛胰岛素是一个由 51 个氨基酸、两条氨基酸链组合而成的蛋白质分子。如今已经有商业化的机器可以完成这项任务（当然，受到技术限制，这条链还不能太长）。与此同时，我们也可以用更巧妙的方法，让细菌或者其他微生物来帮助我们批量生产想要的蛋白质分子。

另一个很好的例子则是 DNA（deoxyribonucleic acid，脱氧核糖核酸）——地球上绝大多数生命体用来存储遗传信息的物质。不管是直径只有几微米的细菌，还是人体内上百万亿个细胞，在这些细胞的深处，都小心翼翼地珍藏了一组DNA分子。对于每一个细胞而言，DNA分子代表着来自祖先的遗传印记，也决定了它自己的独特性状。和蛋白质分子类似，DNA也是由许多个单体分子首尾相连形成的链条。但是作为遗传信息的载体，DNA分子的化学性质其实比蛋白质分子更简单。它的组成单元只有区区四种核苷酸分子。而且和蛋白质不同，DNA的结构可以看作一维线性的：四种核苷酸分子的排列顺序形成了某种"密码"，记载着决定生物体性状的信息——从豌豆种子的颜色，到人类的相貌、身高和智力。我们在接下来的故事里会讲到，DNA密码的书写规则其实很简单，三个相邻的核苷酸形成一个密码子，决定了蛋白质分子中一个氨基酸的身份。

我们现在已经可以用化学合成的方法组装出一段DNA分子，或者动用天然存在的DNA复制机器——DNA聚合酶——组装DNA分子。在美国科学家克雷格·文特尔（Craig Venter）的实验室里，人们甚至已经可以合成一种微生物（丝状支原体）的整套DNA（见图2-1），并用这段长达107万个核苷酸分子的环形DNA彻底替代了丝状支原体原本的遗传物质。这项成就被称为"合成生命"的起点。而如果仅仅考虑合成DNA的长度，人类还可以走得更远。例如，2017年初，美国哥伦比亚大学的科学家人工合成了总长度达到1440万个核苷酸分子的DNA链，并且利用DNA编码规则，在里面存储了一整套计算机操作系统和一部法国电影！

图 2-1　合成生命 3.0（Syn 3.0）。文特尔和合作者人工合成了这种丝状支原体的整套 DNA 分子，在精简至 473 个基因后，用它彻底替换了细胞内原本的 DNA。在此 DNA 的指导下，全新的合成生命诞生了

　　能在实验室创造如此复杂的生命物质，那生命的本质就此得到解释了吗？并没有。

　　尽管从尿素合成、米勒 - 尤里实验到人造蛋白质和 DNA，人类制造复杂生命物质的能力得到了飞速提升，但这些进展并没有真正帮助我们理解生命是什么以及生命从何而来的问题。

　　因为常识告诉我们，一大堆生命物质简单地混在一起，并不会自然地变成生命。一瓶蛋白粉不会自己变成花花草草——即便混了 DNA 进去也不行。反过来，当生物死亡的时候，组成它的生命物质可能原封不动地保留下来了，但是生命现象却仍然不可逆转地消失了。换句话说，生命物质和生命现象之间一定存在着一条虽然不为人知、却难以逾越的界限。

　　这条界限在哪里呢？

　　为了说明这个问题，我们不妨先考虑一个相对简单的情形。通过米勒－尤里实验我们知道，在远古地球的环境中，自发出现诸如氨基酸和核苷酸这样的有机小分子应该并不是特别困难。但是根据上面的描述，在生物体中，大量的氨基酸和核苷酸要按照某种特定顺序组装成蛋白质和DNA分子才能发挥真正的生物学功能。只有这样，蛋白质分子才能折叠成三维的分子机器，推动生物化学反应的进行；也只有这样，DNA分子才能形成长链，存储复杂的遗传信息。因此我们可能更需要问的问题是：在远古地球的环境里，氨基酸和核苷酸分子自发连成长串，是不是件容易的事情？

　　不是。让氨基酸和核苷酸单体分子组织在一起变成蛋白质和DNA链，是一件非常困难的事情。

　　我们可以从几个不同的角度理解这种困难。首先是从能量角度。在地球生命的体内，把单个氨基酸串在一起形成蛋白质需要消耗很多能量。蛋白质是按照氨基酸顺序进行装配的，场面有点类似组装汽车的流水线。每个氨基酸单体首先要被机械手抓取，然后准确地安放在上一个氨基酸的旁边，最后组装好的半成品蛋白质再沿着流水线向下移动一格，腾出空间，让机械手装配下一个氨基酸。粗略估计一下，一个细胞中95%的能量储备都用来支持蛋白质组装了！

　　其次是从信息角度。无论是蛋白质还是DNA，它们的组装是有着严格的顺序的。把一堆氨基酸或者核苷酸分子随意地拼接在一起是没有意义的，这样组装出来的蛋白质和DNA在绝大多数时候什么事情都干不了。换句话说，如果你手里有一堆氨基酸和核苷酸单体分子，每次抓一把丢进魔法师的礼帽里让他们随机拼接，可能试到地球消失的那一天也拼不出生物学上有意义的蛋白质和 DNA 来，其难度大概和猴子随机敲键盘打出莎士比亚的《哈姆雷特》差不多。

其实说到这里，有些敏锐的读者可能会意识到，能量和信息说的其实是同一件事。按照我们这个世界运行的基本原理，从混乱（单个氨基酸和核苷酸的混合物）中产生秩序（氨基酸和核苷酸按照特定顺序组装起来），本身就是极其困难的事情。

依据热力学第二定律（见图 2-2），任何一个孤立系统的混乱程度——物理学家更喜欢用"熵"这个物理量来表述——总是在增大的。通俗的解释就是，如果无人照管，高楼大厦会被风雨侵蚀慢慢破败，乃至倾颓成砖头瓦砾；一个崭新的玻璃杯在使用过程中会慢慢磨损划伤，最终在一次意外中碎成玻璃碴。当然了，在混乱度持续增大的历史潮流中也可以有浪花和逆流：猴子如果敲击键盘足够多次，也能凑巧一次拼出莎士比亚的剧本；给足时间和空间，物质颗粒在亿万次的随机碰撞中也完全可能偶然拼凑出生命现象来。但是这样随机诞生的生命一定是昙花一现的。在热力学第二定律的指挥下，这座随机诞生的生命大厦，也会像一座无人维护的高楼一样，逐渐陈旧下去，直到墙皮剥落，窗棂朽坏，梁柱倾颓。

图 2-2 热力学第二定律的形象表达。一个封闭系统的混乱度（熵）总是不断增大的，就像图里两种颜色的球，即便在一开始泾渭分明一丝不乱，但是随着时间推移，小球不断地随机运动，会逐渐趋向于混合均匀，最终达到最大的混乱度。下面是另外一个比喻：一个人随手乱扔砖块，这些砖块凑巧变成一堵整整齐齐的墙的概率是极低的，在大多数情况下，它们会横七竖八地乱堆一地

以负熵为生

也许你会说：砖头变成大厦有啥不可能的？我们完全可以想象有那么一台"建筑师"机器人，能够按照预先存入的建筑蓝图，有条不紊地搬运砖块，搅拌水泥，上梁装瓦，不就能盖楼了吗？虽然我们现在还造不出来这种机器人，但是理论上是非常可行的啊！今天很多工厂生产线上的机器臂，其

实就已经在为我们这样制造汽车、电冰箱等各种各样的复杂玩意了。有了这样一台机器人，不管是建新楼还是维护老楼，还不是手到擒来的事情吗？

没错。热力学第二定律确实给生命现象的稳定存在开了一个小小的口子。如果存在外界能量的注入，一个局部系统的混乱度确实也可以下降而不违反热力学第二定律。这也正是薛定谔在《生命是什么》一书中的名言"有机体以负熵为生"。那么，是什么能量驱动了这台建筑师机器人工作，装配出复杂的蛋白质和 DNA 分子，从无到有地修筑起生命大厦呢？

当然了，在这个宇宙里、这颗星球上并不缺乏能量。从一亿五千万千米外远道而来的太阳光是取之不尽的能量来源。直到今天，全部地球生命所能利用的太阳能加在一起，也仅是抵达地球的太阳能总量的千分之一。在大洋底部，从岩石裂缝中喷涌而出的热泉不光带来了地球深处的热量，也带来了来自地底的化学物质：氢气、硫化氢、甲烷、氨气，等等。这些物质与周遭的海水迅速反应，也释放出了大量的能量。

但是这些环境中的能量究竟是如何被生命现象所利用的呢？或者说，如果真的存在生命大厦建筑师的话，它们是怎样被这些环境中存在的能量所驱动，利用环境里现成的砖头瓦块，建造生命大厦的呢？

20 世纪初，一群生物学家开始关注这个问题。他们关心的正是生物体内各种各样的现象究竟是怎么被驱动的。

他们首先关注的对象是动物肌肉的运动。这是一个非常自然的选择，毕竟，没有什么比肌肉强有力的伸缩更能直观反映生命现象所需的能量来源了。

人们很快确认，肌肉收缩应该是某种化学反应驱动的。德国科学家奥托·

迈尔霍夫（Otto Meyerhof）和阿奇博尔德·希尔（Archibald Hill）利用精密的化学测量方法证明，培养皿里的青蛙肌肉纤维仍然可以利用葡萄糖作为能量进行持续收缩。在此过程中，葡萄糖分子被转化成一种叫作乳酸的物质，就是那种能让人在剧烈运动之后感觉肌肉酸痛的物质。

看起来，葡萄糖转化为乳酸的化学反应过程似乎能够释放出生物体可以利用的能量来驱动肌肉收缩。更美妙的是，作为能量源头的葡萄糖本身并不难得，动物完全可以从食物中获取。要知道，在面包、米饭、玉米、土豆里，最不缺的就是由葡萄糖分子聚合而成的淀粉。

因此接下来的问题就清楚了：在葡萄糖转化成乳酸的化学反应中，能量是怎样释放出来的，以什么形式存在，最终又是怎样被转移到各种生物过程（例如肌肉收缩）中去的呢？

到 20 世纪 40 年代，随着人们开始了解各种各样完全不同的生物过程——从青蛙肌肉的收缩到乳酸菌的呼吸作用——人们开始意识到，对于地球现存的所有生物来说，不管长相有多么不同，不管是长在高山还是深海，不管是肉眼看不见的细菌还是体形巨大的动物植物，对能量的使用方法其实都是完全一样的。

在生物体内，化学反应释放的能量首先被用来合成一种叫作三磷酸腺苷（adenosine triphosphate，ATP，见图 2-3）的分子。之后这种蕴含能量的分子再去驱动各式各样的生物化学反应。通俗地说，ATP 就是地球生命通用的能量"货币"。

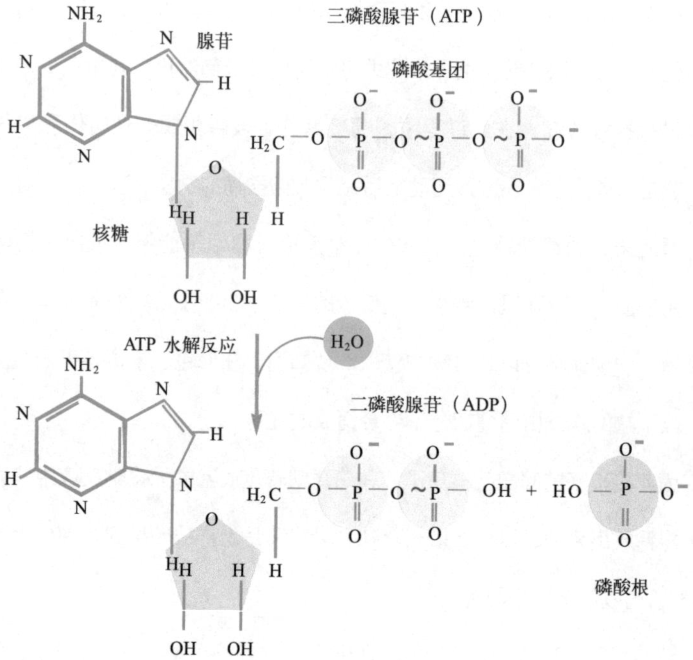

图 2-3 ATP 的化学结构。它可以分解为 ADP 并释放出能量

之所以叫它"货币"，是因为这种物质和货币一样，有一种奇妙的自我循环的属性。我们知道，货币的价值是在流通中体现的：需要买东西的时候，我们用货币交换商品；需要货币的时候，我们再用劳动或者资产换取货币。在此过程里，货币本身不会被消耗，只是在生产者和消费者之间无穷无尽地交流。和货币一样，ATP 分子也不会被消耗，它只会在"高能量"和"低能量"两种状态里无休止地循环往复，为生命现象提供能量。实际上在人体中，每一个 ATP 分子每天都要经过两三千次消费 – 生产的循环。当生命需要能量的时候，ATP 可以脱去一个磷酸基团，变成二磷酸腺

苷（adenosine diphosphate，ADP，见图 2-3），蕴含在分子内部的化学能就会被释放出来。而反过来，当能量富余的时候，ADP 也可以重新带上一个磷酸基团，变回能量满满的 ATP。这个属性是不是很像我们日常生活中使用的货币？

而我们当然也能立刻想到，货币的出现是人类经济发展的重要里程碑。有了货币，我们就不需要总是拿山羊兑换斧头，用谷物兑换兽皮了。我们可以把所有富余的货物兑换成货币存储起来，然后在需要的时候购买急需的货物。

类似地，"能量货币"的出现也是生命演化历史上的一次飞跃。有了通用的能量货币 ATP，地球生命就可以将环境中的各种能量——从太阳能、化学能，到来自食物的能量——兑换成 ATP 储存起来，然后供给生命活动的各个环节了（见图 2-4）。换句话说，ATP 大概就是生命大厦建筑师所需的柴油和电力。只要再进一步，解释一下地球生命到底是如何生产能量货币 ATP 的，生命大厦建筑师的真相就清楚地揭示在我们眼前了。

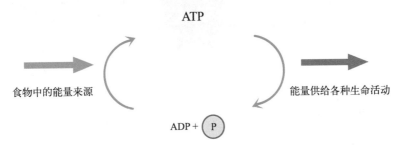

图 2-4　所有现存地球生命的通用能量货币 ATP。ATP 的出现让细胞中的能量转移摆脱了"以物易物"的状态，能够以 ATP 为媒介，将来自外界的能量（太阳能、化学能、来自食物中营养物质的能量等）以 ATP 的形式暂时存储起来，然后再用于各种生命必须的活动。有了 ATP，生命的能量来源和能量去向就可以在时空上分离开来。就像有了货币，我们就不需要在缺粮食的时候心急火燎地牵一头羊到市场上去了

更让所有人兴奋的是,既然 ATP 是地球现今所有生命的通用能量货币,那么一个顺理成章的推测就是,地球生命的共同远祖也一定是用 ATP 为自己提供能量的。既然如此,如果我们真的能够解释清楚 ATP 到底是怎么被生物体生产出来的,也许就能够猜测出,我们的祖先在大约 40 亿年前最初在地球上出现的时候,到底是什么模样的!

初看起来,情形确实是值得乐观的。早在 20 世纪初,人们就已经知道在肌肉收缩的过程中,葡萄糖可以变成乳酸并释放能量。后来人们意识到,这个过程其实和巴斯德研究过的啤酒变酸的过程是一回事:一个葡萄糖分子转变成两个乳酸分子,同时产生了两个 ATP。也就是说,高等动物的肌肉细胞和会让啤酒变质的微生物(后来知道是乳酸菌)居然共用了同一套 ATP 产生机制,而且这个机制是一个纯粹的化学反应过程(见图 2-5)。

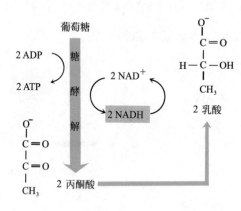

图 2-5 肌肉细胞中的乳酸发酵过程。一个葡萄糖分子转变为两个乳酸分子,并产生两个 ATP。在这个过程中,由于化学键的拆解组装会固定地释放出一些能量,这些能量又随即用于能量货币 ATP 的生产,因此,这里面的每一步都很精确也很"化学"

之后,人们又陆续发现了更多产生 ATP 的化学反应过程。比如,巴斯德研究过的啤酒酿造,其实就是某些微生物(酿酒酵母)将一个葡萄糖分子转化为两个酒精加两个二氧化碳，同时伴随产生了两个 ATP 分子的过程。自然界还有很多奇奇怪怪的微生物，甚至还能够利用环境中的无机物（例如硫化氢和铁离子）来生产 ATP。

因此这样看来，为生命大厦的建筑师找到能量来源似乎是水到渠成的事情了。无非是某些营养物质——可以是葡萄糖这样的有机物，也可以是硫化氢这样的无机物——通过化学反应释放能量，合成 ATP，然后 ATP 再去为各种各样的生物化学反应提供能量的过程嘛。

当然，实际情况要比这个解释"稍微"复杂一点。就拿葡萄糖为例，它的潜力绝不仅仅是区区两个 ATP 货币。在氧气充足的条件下，一份葡萄糖分子能被彻底分解为二氧化碳和水。如果核算一下在此过程中化学键的变化，释放出的能量理论上能生产多达 38 个 ATP 分子。也就是说，生物学家还需要解释这多出来的 36 个 ATP 分子究竟是怎么从葡萄糖里变出来的，才算是完全揭示了生命现象的能量来源问题。

但是看起来无论如何，最终答案的揭晓似乎仅仅是个时间问题了。一个葡萄糖分解为乳酸或酒精能够制造两个 ATP，那么无非是乳酸或酒精继续分解成水和二氧化碳，在此过程中释放能量制造剩下的 36 个 ATP 而已。我们完全可以设想这样的化学反应过程：

$$葡萄糖 \rightarrow 乳酸 \rightarrow X + Y \rightarrow Z + W \rightarrow \cdots \rightarrow 水 + 二氧化碳$$

在每一步反应中，化学键的拆装释放出的能量可以制造若干个 ATP 分子。那么最终无非就是一个简单的数学问题而已：只要每一步反应制造出的 ATP 分子数加起来等于 38 就可以了。

化学渗透：生命的微型水电站

结果这个看起来简单的数字游戏，让生物学家从 20 世纪 40 年代一直忙活到 20 世纪 60 年代，竟然还是无从着手。

这个游戏最让人迷惑的地方在于，随着实验条件的变化，每个葡萄糖分子产生的 ATP 分子数量居然不是恒定的。发挥好的时候，能量传递得滴水不漏，每个葡萄糖分子都被彻底分解，可以制造出 38 个 ATP 货币，恰好等于理论估计的最大值。但是发挥不好的时候，能制造 30 个左右的 ATP 就算是幸运的了，低到 28 个也不稀奇。更要命的是，当大家试图精确测量 ATP 的产出效率的时候，还经常发现这个数字居然不是整数，而是有整有零的！也就是说，在同样一个反应体系里，每个葡萄糖分子分解释放能量的效率还可能不一样！

这就太不可思议了。制造每一个 ATP 所需要的能量是清清楚楚的，在化学反应中，每一个化学键的拆开和组合所能释放或者消耗的能量也是可以精确测量的。那么按理说，在同样的实验条件下，一个葡萄糖能生产出的 ATP 数量难道不该是一个恒定的整数吗？

生物学家当然不甘心在如此接近生命秘密的地方停下脚步。在那 20 年里，他们尝试了不计其数的解决方案，测量了无数次葡萄糖分解的化学反应常数。在解释生命活动能量来源的"最后一公里"征程上，不知道留下了多少前仆后继的生物学家的悲伤和无奈。

到最后，这个问题在 20 世纪 60 年代被一位天才科学家用一种匪夷所思的方式圆满解决了。天才的名字叫彼得·米切尔（Peter Mitchell，见图 2-6），而他提出的解决方案叫作化学渗透（chemiosmosis）。简单来说，米切尔的宣言是，生物体制造 ATP 的过程根本就不是个化学问题！你们在化学键的拆装里寻找答案，压根儿就是误入歧途。

图2-6　彼得·米切尔

彼得·米切尔的一生就是一部传奇。1920 年出生，家境优渥，受到了良好的精英教育。31 岁获得博士学位，35 岁到爱丁堡大学任教，这一段人生旅途一帆风顺。但是 1961 年他在 41 岁的时候发表了惊世骇俗的化学渗透理论，从此不见容于主流学术界，甚至不得不半被迫地在 1963 年辞去了教职，回到乡下，把精力主要花在整修他的乡间别墅上。而在 1965 年，不甘就此沉沦的他自掏腰包，在自己的乡间别墅成立了一家彻底的民间科学机构——格莱恩研究所（Glynn Research Laboratories）——继续为他的化学渗透理论寻求证明。在科学研究之外，米切尔还经常饶有兴致地用他的化学渗透理论来解读社会现象。1978 年，他的理论帮助他加冕诺贝尔化学奖，在演讲中，他说了这么一句意味深长的话："伟大的马克斯·普朗克说过，一个新的科学想法最终胜利，不是因为它说服了它的对手，而是因为它的对手最终都死了。我想他说错了。"

这是一个远在传统生物学家想象力之外的全新世界。米切尔提供的解释其实很像中学物理课本里讨论过的一个场景——水力发电站。在米切尔看来，生物利用营养物质兑换能量货币 ATP 的过程，其实就和人们利用水力发电的过程类似。

我们知道，一般来说，夜间的用电量总是要比白天小得多。毕竟灯关了，广播停了，大部分工厂也都下班了。因为供过于求，相比白天的电价，晚间用电总是要便宜不少。因此有些水电站就利用这个时间差来蓄能发电赚取差价：白天的时候，水电站开闸放水，水库中高水位的蓄水飞流直下，带动水力发电机涡轮旋转，重力势能转化为电能。而到了晚上，水电站就利用比较便宜的电价反其道而行之：开动水泵，把低水位的水抽回坝内，将电能重新转化成重力势能，供白天发电使用。

在米切尔看来，辛辛苦苦地去寻找什么未知的化学反应，压根儿就走错了方向！制造 ATP 的过程和电站蓄能发电的原理是一样的。电站蓄能发电可以分成两步，首先是晚间用电抽水蓄能，然后是白天开闸放水发电。而在生命体内也是一样分成两步，只不过能量的存储形式不是电而是 ATP；往复流动产生能量的不是水而是某些带电荷的离子（特别是氢离子）；筑起大坝的不是钢筋混凝土而是薄薄的一层细胞膜；水坝上安装的水力发电机不是傻大黑粗的钢铁怪物，而是一个能够让带电离子流动产生 ATP 的蛋白质机器罢了。

这个过程可以简单地描述为：首先，生命体利用营养物质（特别是葡萄糖）的分解产生能量，能量驱动带正电荷的氢离子穿过细胞膜蓄积起来，逐渐积累起电化学势能。之后，在生命活动需要能量的时候，高浓度的氢离子通过细胞膜上的蛋白质机器反方向流出，驱动其转动产生 ATP。

1961 年，米切尔在著名的《自然》杂志发表了这个奇特的理论。可是他的整篇文章除了猜测和推断之外，没有给出任何实验数据的支持。生物学家的反应可想而知——水电站？蓄能发电？请问你，你说的水泵是什么？你说的发电机又长啥样？你不是还说水坝？有水坝就有水位差，你给我展示一下看看！被群起而攻之的米切尔甚至一度被逼得在学术界待不下去，只好辞职回家侍弄花草，还顺手整修了家乡的一座乡间别墅。

但是和古往今来那些命运悲惨的政治异类、宗教异类、文艺异类不一样，科学探索有一个亘古不变的原则保护了米切尔这个科学异类。这个原则就是，再大牌的权威、再传统的主张、再符合直觉的世界观，都必须符合实验观测的结果，否则没有力量救得了它。

很快，大家开始意识到米切尔这个离经叛道的假说的价值了。

就像米切尔的微型水电站模型所预测的那样，人们发现，在动物细胞的能量工厂——一种叫作线粒体的微型细胞机器中，确实存在极高的氢离子浓度差。跨越线粒体内层膜，仅仅几纳米的距离跨度就有上百毫伏的氢离子浓度差，这个差别堪比雷雨云和地面之间的电荷差别。这个发现开始动摇部分反对者的信心：因为除了米切尔理论中的假想水坝，实在难以想象细胞为什么需要小心翼翼地维持如此危险的高电压。

与此同时，在米切尔的模型里，葡萄糖飘忽不定的 ATP 生产效率压根儿就不再是个问题了。要知道，抽水蓄能和开闸发电，本质上是完全独立的两件事。抽水蓄能之后，到底开不开闸、开多久、放多少水、发多少电，那都是水电站可以自由决定的事情了。如果当天需求大，电价高，就多放一点水来发电；否则就少放一点，等过几天再说。细胞内的微型水电站也可以根据细胞内的能量需求来决定生产 ATP 的效率。28~38，这组让生物化学家无比抓狂的数字，就这么轻松地得到了解释！

而最具决定性的证据也许是米切尔推测的那台水力发电机——这个一开始被错误地命名为"ATP 酶"，后来一般被称作"ATP 合成酶"的蛋白质——在 1994 年终于露出了庐山真面目。这一年，米切尔的英国同行约翰·沃克（John Walker）利用 X 射线衍射技术看清了 ATP 酶的真实结构（见图 2-7），它甚至比人们最激进最科幻的想象还要美！这个微型蛋白机器的功能和外表都酷似一台真正的水力发电机。它的核心部分是由三个叶片均匀张开构成的"齿轮"，这个齿轮和一个细管相连。当高浓度的氢离子汹涌通过细管时，就会带动叶片以每秒钟上百次的速度高速旋转，从而生产出一个个 ATP 分子来。

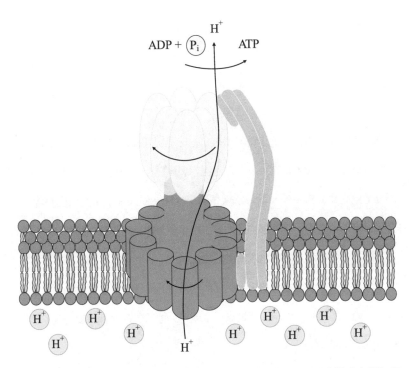

图 2-7 ATP 合成酶的工作原理示意图。氢离子穿过孔道流动，推动齿轮的三片"叶片"依次变形，每一次变形都可以生产出一个 ATP 货币。这个模型来源于 ATP 合成酶的三维结构。因为这个结构，沃克获得了 1997 年的诺贝尔化学奖

这可能是对人类智慧毫无保留的奖掖：看吧，根据几百年间积累的经典力学和电磁学知识，人类设计出了水力发电机，而它居然和大自然几十亿年的鬼斧神工不谋而合。

这当然也可以看作对生命奇迹的礼赞：不需要设计蓝图，不需要人类智慧，在原始地球的某个角落，居然诞生了让人叹为观止的伟大"工业"设计！

生命来自热泉口

至此，生命大厦的能量来源问题得到了圆满的解决。

不是说建造生命大厦需要能量吗？不是说砖块已经齐备，就差动员建筑师来建造大厦了吗？化学渗透理论指出，这一切其实没那么复杂。只要给我一座水坝和一套发电机就可以了。这座水坝可以非常粗糙简易，只需要能够部分地隔绝物质流动，从而像水坝蓄水那样保持住某种物质的浓度差就行。有了稳定的浓度差，就能够稳定地蓄积电化学势能；而电化学势能就可以驱动发电机，为生命大厦的建筑师供应能量。

除了为生命大厦提供能量，化学渗透理论其实还有着更深远的意义。

我们不妨先暂时停下来问自己一个问题：地球生命为什么要用化学渗透这种方法来制造能量货币？

我们知道化学反应是可以产生 ATP 的，而且葡萄糖分解为乳酸、产生 ATP 的化学反应普遍存在于各种生物体内。那么地球生命为什么不遵循这种更稳妥、更精确的思路，在葡萄糖一步步分解的化学反应中获取能量，制造 ATP？或者我们也可以反过来问这个问题。既然已经有了利用化学反应制造 ATP 分子的方法，今天的地球生命为什么仍然不约而同地继续选择借助氢离子浓度差生产 ATP？

这个问题目前还没有一锤定音的答案。但是近来的一些研究提供了一些很有说服力的视角。

比如存在这样一个可能性：首先积累氢离子浓度，然后再利用氢离子的流动冲击 ATP 合成酶，这种看起来异常精巧的策略，可能反而是地球生命最早最原始的能量来源。2016 年，德国杜塞尔多夫大学的科学家威廉·马丁（William Martin）分析了现存地球生物 600 多万个基因的 DNA 序列，从中确认有 355 个基因广泛存在于全部主要的生物门类中。根据这项研究，马丁推测，这 355 个基因应该同样存在于现在地球生物的最后共同祖先（last universal common ancestor，LUCA，见图 2-8）体内，并且因为它们有着极端重要的生物学功能，从而得以跨越接近 40 亿年的光阴一直保存至今。在这 355 个基因里，赫然便有 ATP 合成酶基因的身影。与之相反，在现存地球生物体内负责驱动其他 ATP 合成途径的酶，例如催化葡萄糖分解为乳酸或酒精从而制造 ATP 的那些蛋白质，却不见踪影。

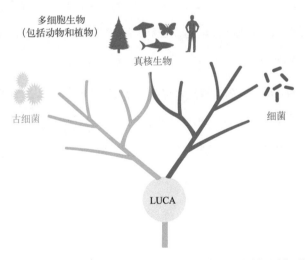

图 2-8 LUCA。它并不一定是地球上最早出现的生物，但是现今地球所有生物（动物、植物、细菌、古细菌等）都是它的子孙后代。严格来说，LUCA 是一种生物学家假想出的生物，在今天的地球上无迹可寻。但是根据现存物种的基因组信息比较结果，人们可以推测 LUCA 大致生活在距今 38 亿年至 35 亿年前，嗜热厌氧

这就很有意思了，根据这个推论，地球生命的最初祖先已经掌握了利用氢离子浓度差制造 ATP 的能力。但是需要注意，祖先似乎没有掌握制造氢离子浓度的能力，因为在这 355 个基因里，并没有找到能够将氢离子从低水位泵向高水位的酶。也就是说，祖先只能被动地利用环境中现成的氢离子浓度差。

我们可以想到的是，在一个稳定的环境中是不可能存在什么稳定的氢离子浓度差的。其实在这样的环境里，任何物质都会逐渐混合均匀，就像在一杯水中滴入红蓝墨水，过不了多久水的颜色就会变成均匀的紫色。那么在远古地球环境里，怎么可能存在现成的氢离子浓度差呢？

答案也许来自深海。

2000 年末，科学家在研究大西洋中部的海底山脉时，偶然发现了一片密集的热泉喷口（见图 2-9）。这片被命名为“失落之城”（Lost City）的热泉与已知的所有海底火山不同，它喷射出的不是高温岩浆，而是 40~90 摄氏度的、富含甲烷和氢气的碱性液体。而碱性热泉能够提供几乎永不衰竭的氢离子浓度差！远古海洋的海水中溶解了大量的二氧化碳，应该是强酸性的。因此当碱性热泉涌出“烟囱”口，和酸性海洋相遇的时候，在两者接触的界面上，就会存在悬殊的酸碱性差异。而酸碱性差异，其实就是氢离子浓度差异。

图2-9 深海"白烟囱"。在海底深处地壳构造薄弱而火山活动多发的地带，海水渗入地下，被地球深处的热量加热后重新喷薄而出，就形成了海底的热泉。这些热泉携带着光和热，以及大量的矿物质。曾经这些高温高压的地带被视作生命禁区，然而人们后来发现，海底热泉附近往往有活跃的生物群体出现

更奇妙的是，人们还发现，热泉烟囱口的岩石就像一大块海绵，其中布满了直径仅有几微米的微型空洞。因此在2012年，马丁和英国伦敦大学学院的尼克·连恩（Nick Lane）提出过一个很有意思的假说。他们认为，这些像海绵一样的岩石，其实可以作为原始水坝，维持氢离子浓度差。这样一来，化学渗透和生命起源两件看起来风马牛不相及的事情，居然有可能是紧密联系在一起的！

也许在远古地球上，正是在碱性热泉口的岩石孔洞中，氢离子穿过原始水坝的流淌，为生命的出现提供了最早的生物能源。我们的祖先正是利用这样的能源组装蛋白质和DNA分子，建造了更坚固的水坝蓄积氢离子，

繁衍生息，最终在这颗星球的每个角落开枝散叶。换句话说，其实不是今天的地球生命不约而同地选择了化学渗透，反而是化学渗透催生了地球生命的出现。

而当我们的祖先掌握了利用化学渗透制造能量的技能之后，他们也就同时掌握了远离热泉口这块温暖襁褓的能力——因为祖先已经不再需要现成的氢离子浓度差和天然的岩石水坝来制造能量了。此时的他们拥有了能够运输氢离子的水泵，能够稳定储存氢离子的水坝，能够制造 ATP 的水力发电机，甚至还能将能量储存在诸如葡萄糖这样的营养物质中长期备用。

三四十亿年弹指一挥间，当今天的地球人类在饱餐一顿之后出门上班、穿上跑鞋开始运动、坐上飞船飞向茫茫太空的时候，在幕后默默支持我们的，仍旧是氢离子永不停歇的流淌和化学渗透闪烁的永恒光辉。

第 3 章

自我复制：基业长青的秘密

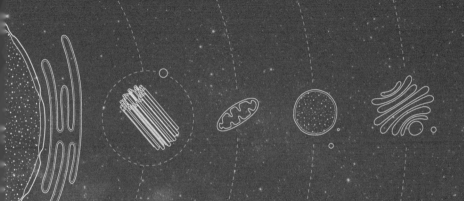

砖头瓦块已经齐备，建筑师也已经充满能量，随时准备不辞辛苦地修建起辉煌壮丽的生命大厦，但是对于任何一种能够抗拒亿万年风霜摧折、在地球上生存和繁盛的生命来说，仅仅有这些还远远不够。

原因很容易理解：这座大厦太脆弱了。

万一一场地震或者火灾毁掉了唯一的大厦怎么办？万一大厦的基础被蝼蚁松动，或者一场台风卷走了大厦的顶层呢？要知道，概率再小的意外，放在几十亿年的时间尺度中，都会变得实实在在起来。也就是说，仅仅由能量驱动建立起来的生命大厦，即便真的在远古地球上出现过，恐怕也早在漫长的时光里毁于意外事故了，那么今天的地球人类估计就没有缘分看到这样的生命了。

更要命的原因还不在这里，而在于地球环境不是永恒不变的！在我们每个人几十年的生命中，我们也许可以安心期待日复一日的日升日落、年复一年的春夏秋冬。当然，这一切还得期待全球气候变化不会带来灾难性的后果。但是如果把时间尺度放大到生命演化的尺度——几千万年到几十亿年，我们就会发现，地球环境的变化剧烈得远非"沧海桑田"几个字所能概括。

举一个我们可能会熟视无睹的例子吧：氧气。人类生存需要氧气，这是因为在人体中，能量货币 ATP 的生产过程严重依赖氧气。这一点我们已经讨论过，在氧气缺乏的环境下（例如肌肉持续收缩时），一个葡萄糖分子分解成两个乳酸分子，仅仅能产生两个 ATP 分子。而在氧气的帮助下，葡萄糖分子可以彻底分解为二氧化碳和水。这个过程中所释放的能量，通过驱动细胞内的微型水电站——ATP 合成酶，可以制造出多达 28~38 个 ATP 分子。因此，如果没有氧气，人体将无法进行永不停歇的生命活动——从心脏跳动、游泳跑步，到思维和语言。实际上，人体对氧气浓度的适应区间是非常狭窄的。在海拔四五千米的青藏高原，氧气浓度下降到10%多一点，人体就会出现缺氧的症状。反过来，如果吸入的氧气浓度过大，人体就会出现所谓的"氧中毒"现象，神经系统、肺和眼球都会受到严重损伤。同样的例子还有温度。人体适宜的环境温度在25摄氏度上下浮动。如果人体长期处于40摄氏度以上的环境中，很容易引起中暑死亡；处于低温环境下也不行，人在5摄氏度的海水里只能活个把小时。

特别是，如果考虑更长的时间尺度的话，我们会发现，在亿万年的生物演化历史上，能够满足人体生存环境要求的时间段实在是太狭窄了！在过去六亿年的时间里，大气氧含量可能在5%到35%之间反复剧烈波动，平均气温的变化范围是10~40摄氏度（作为参照，如今地球的平均气温大约是15摄氏度）。请注意，这里我们仅仅考虑了过去六亿年，并且只考虑了氧气浓度和气温两个环境指标。如果把时间尺度扩大到整个地球生命史，再考虑到太阳光强度、昼夜长短、大气组成、土壤的化学成分、食物和天敌等复杂的环境因素，就会得到一个不言而喻的结论——在翻脸无情的地球母亲的怀抱里，没有哪个生命可以做到永远左右逢源。

如果生命真的是一座大厦，那么不管修建的时候用了多么坚固耐用的砖瓦，在建成时是多么辉煌壮丽，考虑到它一会儿会在阳光下暴晒，一会儿淹没在倾盆大雨中，一会儿又要被坚冰覆盖，时而被蝼蚁侵蚀，时而受猛兽冲撞，时而遭受流星雨和地震的摧折，它绝不可能永远基业长青。

一个显而易见的悖论出现了。诞生于远古地球的始祖生命——那些由能量这个天才建筑师建立的生命大厦——是如何逃开了无可避免的意外事故和难以抗拒的沧桑巨变，绵延不绝一直到今天的？

答案其实很简单：自我复制。

自我复制是地球生命基业长青的基础——以自身为样本，不停地制造出和自己相似但又不完全一样的子孙后代。

后代越来越多，就保证了即便其中一些因为意外事故——不管是台风、地震还是蝼蚁——死去，还有足够的个体能存活下来延续香火。

而更重要的是，（不够精确的）自我复制为生命现象引入了变化。这种变化大多数时候难以察觉，比如生命大厦悄悄更换了天井的绿植或是大堂的灯饰。但有些时候也可以惊天动地，整座大厦的楼高、外饰面乃至主干结构都焕然一新。但是无论如何，在自我复制过程中产生的变化，总是快过地球环境动辄以千万年计数的变化。也正因为这样，地球上的生命来了又走，样貌也千变万化——科学家的估计是，在这颗星球上，可能已经有超过 50 亿个物种诞生、繁盛，然后静悄悄地死去——但是生命现象本身却顽强地走过了 40 亿年的风霜雨雪。

当然，在自我复制中出现的这些不怎么引人瞩目的细微变化本身谈不上什么对错，也没有什么方向性可言。不够精确的自我复制，其实是提供了大量在地球环境中"试错"的生物样品。谁能活下来，谁能继续完成新一轮自我复制，谁就是胜利者。是地球环境的缓慢变迁决定了不同时刻的胜利者，也因此最终塑造了生物演化的路径。

比如，我们刚才说到从六亿年前到今天，大气中氧气的含量始终在上下波动。但是如果时间尺度放得更宽，我们会发现氧气甚至压根儿就不是地球上从来就有的大气成分。在 46 亿年前地球形成的时候，大气的主要成分是二氧化碳、氮气、二氧化硫和硫化氢。直到差不多 25 亿年前，第一批能够利用阳光的细菌出现在原始海洋中，利用太阳光的能量分解大气中的二氧化碳，并以其中的碳原子为食，这才制造出了氧气。对于今天的地球生命无比重要的氧气，其实在当时只是某些生命活动的副产品。更可怕的是，这种全新的化学物质还毒死了当时地球上几乎所有的生物！但是与此同时，灾难性的"大氧化"事件却为未来那些以氧气为生、更复杂多样的生命开启了繁盛的大门，受益者包括海藻、树木、鱼和人类。那些能够在无氧大气里生息繁盛的生命和那些在氧气中自在生活的生命，并无高下之别，仅仅是由于地球环境的变化让前者死去、后者存活罢了。

因此，自我复制的两个看起来似乎自相矛盾的特点保证了地球生命的永续。对自身的不断复制保证了生命不会因一场意外而彻底毁灭，而自我复制过程中出现的错误，则帮助生命适应了地球环境的变化。

那么，自我复制又是怎么发生的呢？

思想实验中的生命演化史

我们不妨先做一个思想实验，构造一个极端简化的生命，探讨一下生命自我复制的原理。

从最简单的情形开始，我们思想实验中的生命——就叫它生命1.0吧——只有一个蛋白质分子。从前面的故事里大家可以很容易想象，最有资格入选的蛋白质大概就是为生命制造能量货币的ATP合成酶了。这个古老的蛋白质分子尺寸很小，仅有几纳米那么大，却蜷曲折叠成一个复杂的、带有三个叶片和一个管道的三维结构，通过飞速旋转不停地生产ATP。有了它，生命1.0就可以制造ATP分子，然后用ATP来驱动各种生命活动了。

但是生命1.0是难以实现自我复制的。从前一章中我们知道，ATP合成酶有一个极端精巧和复杂的三维立体结构，每个维度上原子排列的精确度达到零点几纳米的水平。且不说想要分毫不差地复制一个这样的结构非常困难，即便是想要看得清楚一点都不容易。在今天人类的技术水平下，要看清楚ATP合成酶的每一个原子，需要动用最强大的X射线衍射仪和电子显微镜，而想要复制出这样一个结构，还是科幻想象的范畴。

我们大概可以说，要想一丝不苟地复制生命1.0，可能需要一架比生命1.0体形更庞大、更加复杂和精密的机器才做得到。可是在刚刚出现生命1.0的远古地球上，又去哪里找这样的复杂机器呢？难以自我复制的生命1.0注定要孤独一生——而且它的一生一定非常短暂。

为了解决自我复制的技术困难，生命体显然需要一种方法，能更简单精确地记录和复制自身，不要让我们瞪大眼睛去记录和复制一个复杂三维结构的每一点空间信息。这样太烦琐，也太容易出错了。

于是，生命2.0应运而生。人体中的ATP合成酶是由五千多个氨基酸分子按照某种特定顺序串起来形成的蛋白质大分子。在三维空间中，这些氨基酸彼此吸引、排斥、碰撞、结合，形成了复杂、动态的三维结构。那么可想而知，只要我们能记录下这五千多个氨基酸分子的先后顺序，然后依样画葫芦地依照这个顺序去组装ATP合成酶分子就行了，它可以自己完成在三维空间的折叠扭曲。这样一来，三维空间的信息就被精简成了一维，只是一组顺序排列的氨基酸分子而已。

在今天的绝大多数地球生命中，三维到一维的信息简化是通过DNA分子实现的。DNA分子的化学构成其实非常简单，就是由四种长相平凡的核苷酸分子环环相扣串起来的一条长长的链条。它的秘密隐藏在四种核苷酸分子的排列组合顺序中（见图3-1）。在今天的地球生命体内，DNA长链按照三个核苷酸的排列顺序决定一个氨基酸的原则，能够忠实记录任何蛋白质分子的氨基酸构成——当然也包括生命1.0中的ATP合成酶。

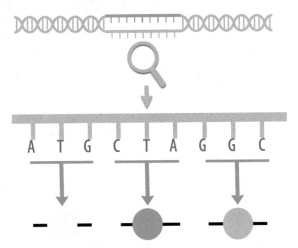

图3-1 三个碱基密码子对应一个氨基酸。在今天绝大多数的地球生命中，DNA链上的核苷酸分子会按照三三一组形成"密码子"，每组密码子对应一种氨基酸

这样一来，生命 2.0 在自我复制的时候，就不需要担心复杂的 ATP 合成酶蛋白无法精细描摹和复制了。它只需要依样画葫芦地复制一条 DNA 长链就行了，因为 DNA 长链本身的组合顺序就已经忠实记录了 ATP 合成酶的全部信息（见图 3-2）。而与此同时，我们可以想象，复制一条可以看成是一维的 DNA 长链，要比直接复制 ATP 合成酶的精细三维结构省心省力得多。

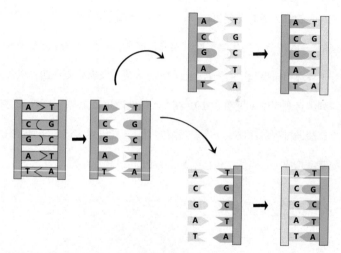

图 3-2　DNA 的复制模型。首先，一条 DNA 双螺旋链一分为二；随后，两条 DNA 单链分别作为模板，与新加入的碱基分子配对，形成两条新 DNA 双螺旋

在 20 世纪 50 年代，詹姆斯·沃森（James Watson）和弗朗西斯·克里克（Francis Crick）利用罗莎琳·富兰克林（Rosalind Franklin）获得的 X 射线衍射图谱，建立了 DNA 的双螺旋模型，并且几乎立刻猜测到了 DNA 是如何进行自我复制的。简单来说，DNA 复制遵循的是"半保留复制"的机制。就像蛋白质是由 20 种氨基酸砖块组合而成的，DNA 也有它独有的砖块：四种不同的核苷酸分子（可以简单地用 A、T、G、C 四个字

母指代）。每条 DNA 链条都是由这四种砖块首尾相连组成的。特别重要的是，ATGC 四种分子能够两两配对形成紧密的连接：A 和 T，G 和 C。因此可以想象，一条顺序为 AATG 的 DNA 可以和一条 CATT 的 DNA 首尾相对地配对组合缠绕在一起。这样的配对方法特别适合 DNA 密码的自我复制：AATG 和 CATT 两条缠绕在一起的链条首先分离开来，两条单链再根据配对原则安装上全新的核苷酸分子，例如 AATG 对应 CATT，而 CATT 则装配了 AATG，由此一个 DNA 双螺旋就变成了完全一样的两个 DNA 双螺旋。特别值得指出的是，DNA 的复制过程异常精确，在人体细胞中，DNA 复制出错的概率仅有 10 的 9 次方分之一。这就从原理上保证了它可以作为生命遗传信息的可靠载体。

那么，简单而强大的生命 2.0 能否稳定地生存和繁衍呢？

很遗憾，还是不行。事实上它根本就不可能存在。DNA 是一种化学上非常稳定的分子——这并不奇怪，能被选中作为信息密码本的化学分子当然必须稳定和可靠，甚至是懒惰。也正因此，一根光秃秃的 DNA 长链根本就什么都不会干，它既不可能自我复制，也不可能制造出什么 ATP 合成酶来。就像一本写满了字母的密码本，要是没有人抄写，没有人解读，它自己什么也做不了。

好吧，不气馁的我们继续升级出了生命 3.0。这次，我们需要的东西就多了许多。除了负责制造能量货币的 ATP 合成酶之外，生命 3.0 还需要一大堆各种各样的蛋白质分子，来实现 DNA 分子的自我复制，利用 DNA 分子携带的信息制造各种新的蛋白质。

单单说 DNA 复制就已经非常复杂了。生命 3.0 需要蛋白质分子帮忙把高度折叠的 DNA 展开变成长链（就拿人的 DNA 来说，完全伸展开来长达数米，所以必须经过几轮折叠包装，才能塞进直径仅有几微米的细胞里，仅仅在使用时才部分展开），需要蛋白质分子在 DNA 长链上精确定位到底从哪里开始复制，需要蛋白质分子运送 DNA 复制所需的原材料（比如四种核苷酸分子），需要蛋白质分子填补复制当中的缺口，修正复制过程中出现的错误，还需要蛋白质分子将复制好的 DNA 长链重新折叠回去。

同时，生命 3.0 还需要一大堆蛋白质分子（见图 3-3），根据 DNA 密码本的信息制造 ATP 合成酶——有的负责读取 DNA 密码本的信息，有的负责搬运蛋白质的原料氨基酸，有的负责氨基酸的装配顺序，等等。当然了，再多的蛋白质分子也难不倒我们，我们可以利用在生命 2.0 中就确定的规则，把它们的信息也写入 DNA 长链中去，这样仍然是复制一条 DNA 长链，生命 3.0 就可以把所有蛋白质分子的信息都忠实地复制和传递下去了。

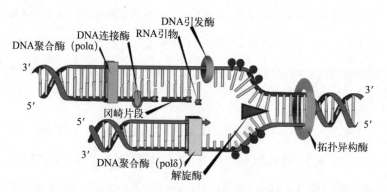

图 3-3　DNA 复制所需的蛋白质。图中仅仅呈现了极小的一部分，但我们已经可以看到，DNA 复制是一个需要大量蛋白质帮手参与的精细过程。DNA 双链首先会在拓扑异构酶和解旋酶的帮助下分解成单链。随后，不同的 DNA 聚合酶分别负责两个方向的 DNA 复制，复制完成的短片段还要在连接酶的帮助下连成长片段

生命 3.0 的命运如何？

我们已经很接近成功了，但是还差重要的一点点。

根据前面的描述，大家就能猜想到，蛋白质分子和 DNA 长链，对于生命的生存和复制来说，是相辅相成缺一不可的。前者的制造依赖于后者保存的信息，而后者也依赖前者完成自我复制，因此空间上它们必须离得足够近才行。我们必须想出一个办法，把这些东西统统聚拢到一起，保护起来。否则，蛋白质和 DNA 都很容易在自然环境中扩散得无影无踪，谁也找不到谁。

解决方案倒也不难想，用一张致密的网把所有这些林林总总的蛋白质和 DNA 都给包裹起来就行了。在今天的地球生命中也有这张网，名字叫作细胞膜，是一层仅有几纳米厚度、由脂肪分子构成的薄膜。这层薄膜紧紧地包裹住了蛋白质和 DNA，形成了一个细胞，把它们和危险的自然环境隔绝开来。在今天的地球生命里，除了少数例外（比如病毒），绝大多数生命都是由一个或者多个细胞组成的。

这次，就叫它生命 4.0 吧。

目前，生命 4.0 已经有点极简版地球生命的样子了。我们权且相信它能够在地球上生存下来，因为它能够不断地从环境中攫取能量供给生命活动，也能不停地自我复制对抗衰退和死亡。实际上，今天的地球生命尽管比我们思想实验中的生命 4.0 要复杂得多，但是从基本原理上看，确实相差无几。

但是新的问题来了：这个看起来靠谱的生命 4.0，真的有可能在 40 亿年前魔法般地出现在地球上吗？换句话说，生命 4.0 的构想固然有它的内在逻辑，但它真的有可能模拟了地球生命的最初起源吗？

很遗憾，答案是不可能。或者，至少看起来非常不可能。

其中的麻烦有点像"鸡生蛋还是蛋生鸡"的问题。蛋白质的全部信息都存储在DNA密码本中，依靠DNA密码本中忠实记录的信息，我们能够制造出各种各样的蛋白质分子。因此，让我们权且假定DNA是"鸡"，蛋白质是它下的"蛋"。

但是，一条孤零零的DNA长链是没有办法干任何事情的，它需要各种蛋白质分子的帮忙，才能实现自我复制，需要依赖蛋白质的帮忙才能制造出新的蛋白质。如果没有提前准备好蛋白质"蛋"，DNA"鸡"根本没法继续生"蛋"！

换句话说，我们设计的生命4.0想要自发出现，我们得不断祈求大自然同时造就信息互相匹配的"鸡"和"蛋"。而且，"鸡"和"蛋"还必须几乎同时出现，距离无比接近，才有可能配合起来造就生命。要是在一阵电闪雷鸣中，一只DNA"鸡"被创造了出来，但是它附近却没有那只冥冥中注定属于它的蛋白质"蛋"，那么这只DNA"鸡"只能沉默着走向分解破碎，因为它自己什么也做不了。而反过来，要是那个蛋白质"蛋"率先在海底的热泉口奇迹现身，甚至还能工作一下或生存一会儿，但是因为没有DNA"鸡"帮它保留和传递信息，"蛋"必然也会快速走向衰退和死亡。

那怎么办？地球生命对这个问题的回答是非常耐人寻味的：既不是先有蛋，也不是先有鸡。事实上，很可能在生命刚刚出现的时候，鸡和蛋都还没有踪影呢。

不是鸡不是蛋，既是鸡又是蛋

让我们再回顾一下生命 4.0 的基本设计原则吧。DNA 负责记录蛋白质分子的氨基酸排列信息，以 DNA 序列为模板可以制造出各式各样的蛋白质分子。而反过来，蛋白质分子除了制造能量，还可以帮助 DNA 实现自我复制。这好像是个挺简单的二元系统，是不是?

在自然界，简单往往意味着高效、节约和更容易自发出现。但是很让人意外的是，地球生命不约而同地选择了一种更复杂、相对也更容易出错和更浪费的办法：在 DNA 和蛋白质的二元化结构之间，平白无故地多了第三者：RNA（ribonucleic acid，核糖核酸）。

RNA 是一种长相酷似 DNA 的化学物质，两者的唯一区别就是化学骨架上的一个氧原子。对于我们的生命 4.0 系统来说，RNA 像二郎神的第三只眼睛一样，显得非常怪异和多余。当生命开始活动的时候，DNA 密码本的信息首先被忠实地誊抄到 RNA 分子上，然后 RNA 分子再去指导蛋白质的装配。放眼望去，加上 RNA 的生命——就叫它生命 5.0 好了——实在是看不出有什么优势来。打个比方，原本在车间里，一个经理直接指导工人干活就挺好的，命令传达简单快捷还不容易出错。现在非要给经理配一个主管，每一道命令都必须由经理告诉主管，主管再告诉工人。直觉告诉我们，这样的系统一定存在命令走样变形、人际关系复杂多变等问题，更不要说还得多付这个主管的工资了!

然而，这套叠床架屋的所谓"中心法则"（见图 3-4）几乎成了所有地球生命运转的核心，既保证了遗传信息的世代流传，也保证了每一代生命体实现自身的生命机能。这种巨大的反差驱使人们从反方向思考，也许DNA→RNA→蛋白质的系统有极其深远但仍不为人所知的意义，以至于这个看起来如此多余、低效和浪费的系统能够挺过严酷多变的地球环境和物种竞争，保留在绝大多数地球生命的身体里。

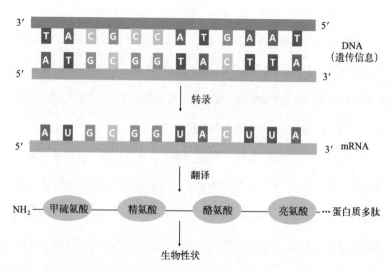

图3-4　生命的"中心法则"。依据中心法则,DNA 的自我复制保证了遗传信息的传递和生命的生生不息,DNA 也通过指导蛋白质合成决定了生命活动的形态。RNA 的产生则是其中的一个中间步骤,RNA 一方面忠实抄写了 DNA 的密码信息,另一方面直接指导了蛋白质的制造。值得指出的是,地球生命中也有不少中心法则之外的生命。比如某些病毒并没有 DNA,而是直接利用 RNA 来存储遗传信息并指导蛋白质合成（例如流感和丙肝病毒）。也有一些病毒虽然使用 DNA,但是和图中不同,它仅有一条单链 DNA,只在启动自我复制的时候才变成双螺旋

　　这样做的意义是什么呢？

　　事实上，早在 20 世纪中叶，当 DNA→RNA→蛋白质这套遗传信息传递的所谓"中心法则"刚刚被提出的时候，就已经有人问这样的问题了。例

如 1968 年，DNA 双螺旋的发现者之一克里克就在一篇文章中大胆地猜测，也许看起来多余的 RNA 才是最早的生命形态。他甚至说："我们也不是不能想象，原始生命根本没有蛋白质，而是完全由 RNA 组成的。"但是猜想毕竟只是猜想，看似无用的 RNA 反而可能是最早的生命，重要的 DNA"鸡"和蛋白质"蛋"反而仅仅是 RNA 的后代和附属品。这样的想法可以引发很多哲学上有趣的思考，但是很少有人期待真的在自然界或者实验室里验证它。

直到 1978 年，30 岁的生物化学家汤姆·切赫（Tom Cech）来到美丽的山城——美国科罗拉多州的邦德建立了自己的实验室。

他的研究兴趣和我们讲过的中心法则有密切的关系。我们知道，在遗传信息的流动中，RNA 是承接在 DNA 和蛋白质之间的分子。它誊抄了 DNA 密码本的信息，然后再以自身为蓝图，指导蛋白质的装配。不过早在 20 世纪 60 年代，人们就已经发现，RNA 密码本其实并不是一字不差地誊抄了 DNA 密码本的信息，例如 DNA 密码本中往往会写着大段大段看起来没有什么特别用处的"废物"字母（它们的学名叫作"内含子"）。在抄写 RNA 密码本的时候，生物会首先老老实实地誊抄这些废物字母，之后再将它们整页撕去，整理出更精简更经济的一本密码本。

切赫当时的兴趣就是研究这种被叫作"RNA 剪接"——也就是如何撕去密码本中间多余的纸张——的现象。他使用的研究对象是嗜热四膜虫[①]（tetrahymena thermophila），这是一种分布广泛的淡水单细胞生物，很容

---

① 嗜热四膜虫这种看起来不起眼的单细胞生物孕育了 20 世纪的许多伟大发现。除了下文会讲到的核酶和 RNA 世界，还有对于衰老异常重要的端粒和端粒酶（2009 年诺贝尔生理学或医学奖），以及蛋白质的翻译后修饰等。

易大量培养，并且个头很大（直径有 30~50 微米），很方便进行各种显微操作。而研究 RNA 剪接也是分子生物学黄金年代里热门的话题之一，毕竟它关系到遗传信息如何最终决定了生物体五花八门的生物活动和性状。

一开始，切赫的目标是很明确的。他已经知道，在四膜虫体内的 RNA 分子中段，有一截序列是没有什么用的。这段被称为"中间序列"的无用信息，在 RNA 刚刚制造出来之后很快就会被从中间剪切掉。而这个过程是怎么发生的呢？切赫希望利用四膜虫这个非常简单的系统来好好研究研究。他的猜测也很自然：肯定有那么一种未知的蛋白质，能够准确地识别这段 RNA 中间序列的两端，然后"咔嚓"一刀切断 RNA 长链，再把两头缝合起来，RNA 剪接就完成了。

为了找出这个未知的蛋白，切赫的实验室使用了最经典的化学提纯方法。他们先准备了一批尚未切割的完整 RNA 分子，再加入从四膜虫细胞中提取出来的蛋白质混合物"汤"。那么显然，RNA 分子应该会被切断和缝合，从而完成密码本的精简步骤。他们的计划是，把蛋白质"汤"一步一步地分离、提纯，排除掉那些对 RNA 剪接没有影响的蛋白质，那么最终留下的应该就是他们要找的那个负责剪接 RNA 的蛋白质了。

但是，他们的尝试刚一开始就差点胎死腹中。因为切赫发现，RNA 分子加上蛋白质"汤"确实会很顺利地启动剪接。但是即便什么蛋白质都不加，RNA 分子也同样出现了剪接！

任何一个受过起码的科学训练的人都明白，这个现象是多么令人沮丧。什么都不加的 RNA 分子也能被剪接，看起来只有两个可能性：第一，切赫他们制备的 RNA 已经被污染了，里面混入了能够切割 RNA 的蛋白质，因此不管加不加东西，RNA 分子都被剪接了；第二，切赫他们看到的这个现象压根儿就不是 RNA 剪接，而是一种不知道是什么的实验错误，因此加不加其他蛋白质，他们看到的都不是剪接。不管是哪种解释，眼看着这个实验就做不下去了。

于是，切赫他们尝试了各种各样的办法来改进实验。他们首先假定自己的纯化功夫确实不到位，RNA 被污染了，因此想要从里面找出那种被"污染"的蛋白是什么，没成功；后来他们往纯化出的 RNA 分子里加上各种各样破坏蛋白质活性的物质，试图停止 RNA 的剪接，发现也不成功；他们甚至还做了更精细的化学实验，来研究 RNA 到底是怎么被剪接的、发生了什么化学修饰……

终于，到了 1982 年，切赫他们干脆放弃了对 RNA 分子各种徒劳的提纯，直接在试管里合成了一个新的 RNA 分子。然后，利用这条理论上就不可能存在污染的纯净 RNA，他们终于可以明白无误地确认，这条 RNA 在什么外来蛋白质都没有的条件下，仍然固执地实现了自我剪接，把那段没用的中间序列切割了出来。

事情已经无可置疑。根本不存在那种看不见摸不着又总是顽固地剪接 RNA 的蛋白质，RNA 可以自己剪断和粘连自己！

说得更酷一点，原本大家觉得多余和浪费的 RNA 分子，居然可以身兼 DNA 和蛋白质的双重功能：它显然可以和 DNA 一样存储信息，同时也可以像蛋白质一样催化生物化学反应——在切赫的例子里，这个化学反应就是对自身进行切割和缝合。切赫给他们找到的这种新物质命名为"核酶"（ribozyme，兼具核酸和酶的功能之意，见图3-5），而科学界也闪电般地以1989年诺贝尔化学奖回报了这个注定要名垂青史的伟大发现。

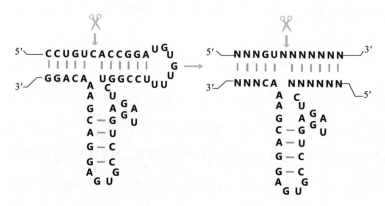

图3-5 "锤头"核酶（hammerhead ribozyme），广泛存在于从细菌到人体的多种生物中。一条RNA链能内部折叠配对，形成一种状似发卡的结构，并能在特定位置实现自我剪切

当然无论如何，剪接这件事本身看起来其实不过是一种并不那么复杂的生物化学反应。无非是"咔嚓"一刀，然后缝好，在地球生命的体内只能算是一种平淡无奇的现象。但是这个发现仍然具有极其深远的意义，既然在一种单细胞浮游生物体内确实存在着一种分子，它既可以作为密码本记录生命体的遗传信息，又可以作为分子机器驱动一种简单的生命活动过程，那么举一反三，就会想到，也许曾经存在一大类逻辑类似的核酶分子，它们既能够记录五花八门的遗传信息，又能够实现形形色色的生命机能，一身担起DNA和蛋白质的使命。

而只要稍加推广，我们就会发现，核酶的概念似乎可以用来解释生命起源！不是说 DNA 和蛋白质先有鸡还是先有蛋这个问题无法解决吗？核酶这种奇怪的东西，至少理论上可以既是鸡又是蛋！只要想象一个这样的 RNA 分子，它自身携带遗传信息，同时又能催化自身的复制（相比剪接，这当然是一种复杂得多的生物化学反应），那不就可以实现遗传信息的自我复制和万代永续了吗？什么 DNA，什么蛋白质，对于伟大的生命起源来说，不过是事后锦上添花的点缀而已！

RNA世界

不得不承认，这个思路的脑洞还是开得很大的。要知道，虽然切赫发现的核酶确实实现了一点替代蛋白质的功能，但这个功能还是非常简单的，只是给 RNA 做个砍头接脚的外科手术而已。而如果真要设想一种核酶能够实现自我复制的功能，它必须能够以自身为样本，把一个接一个的核苷酸按照顺序精确地组装出一条全新的 RNA 链条来。这个难度比起 RNA 剪接，简直是汽车流水线和榔头剪刀的差别。

不过没过多久，大家在研究细胞内的蛋白质生产过程的时候，就意识到 RNA 的能力远超人们的想象。我们知道，蛋白质分子的生产是以 RNA 分子为模板，严格按照三个核苷酸分子对应一个氨基酸分子的逻辑，逐渐组装出一条蛋白质长链的过程。这个过程是在一个名叫"核糖体"（模型见图 3-6）的车间里进行的。而从 20 世纪 80 年代开始，人们在研究核糖体的时候逐渐意识到，这个令人眼花缭乱的复杂分子机器，居然是以 RNA 为主体形成的！在细菌中，核糖体车间的工作人员包括 50 多个蛋白质，以及三条分别长达 2900、1600 和 120 个核苷酸分子的 RNA 链。这些 RNA 链条上的关键岗位对于决定蛋白质生产的速度和精度至关重要。

图 3-6　核糖体模型

　　既然连蛋白质生产这么复杂的工作 RNA 都可以胜任，那还有什么理由说，在生命诞生之初，RNA 分子就一定不能做到自我复制呢？

　　就是在这样脑洞大开的思路指引下，全世界展开了发现、改造和设计核酶的竞赛。我们当然没办法看到地球生命演化历史上第一个自我复制的核酶到底是什么样子的，但是如果人类科学家能在实验室里人工制造出一个能够自我复制的核酶，我们就有理由相信，具备同样能力的分子在远古地球上出现，并不是什么天方夜谭。

2001 年，美国麻省理工学院的科学家成功"制造"出了一种叫作 R18 的、具有部分自我复制功能的核酶分子（见图 3-7），第一次证明核酶确实不光能当榔头剪刀，还真的可以装配汽车！当然，R18 的功能还远不能和我们假想中的那个既能当鸡又能当蛋的祖先 RNA 相比，R18 仅仅能够复制自身不到 10% 的序列，而我们的祖先可一定需要 100% 复制自身的能力。但这毕竟是一个概念上的巨大突破。要知道，既然人类科学家可以在短短几年内设计出一个具备初步复制能力的核酶，那么我们就没有理由怀疑，无比浩瀚的地球原始海洋在几亿年的时间里会孕育出一个真正的祖先核酶。

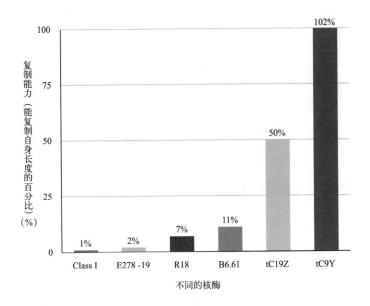

图 3-7 人工设计核酶的进展惊人。R18 能够复制长度为自身 7% 的序列，而最新的 tC9Y 核酶可以复制超过合成长度的 RNA 序列，至少在理论上，tC9Y 已经具备了自我复制的能力

在这一系列激动人心的科学发现中，克里克 1968 年的假说重新被人们翻了出来，而到了 1986 年，另一位诺贝尔奖得主、哈佛大学的沃特·吉尔伯特（Walter Gilbert）更是正式扛起了"RNA 世界"理论的大旗，要替 RNA 抢回地球生命的发明权了。

这可能是最接近真相也最能帮助我们理解生命起源的理论了。这个理论的核心就是，RNA 作为一种既能够存储遗传信息又可以实现催化功能的生物大分子，是屹立于生命诞生之前的指路明灯。可能在数十亿年前的原始海洋里，不知道是由于高达数百摄氏度的深海水温、刺破长空的闪电，还是海底火山喷发出的高浓度化学物质，数不清的 RNA 分子就这样被没有缘由地生产出来，飘散，分解。直到有一天，在这无数的 RNA 分子（也就是无穷无尽的碱基序列组合）中，有这样一种组合，恰好产生了自我复制的催化能力。于是它苏醒了，活动了，无数的"后代"被制造出来了。这种自我复制的化学反应所产生的大概还不能被叫作生命，因为它仍然需要外来的能量来源，它还没有"以负熵为生"的高超本领。但是，它很可能照亮了生命诞生前最后的黑夜，在它的光芒沐浴下，生命马上要发出第一声高亢的啼鸣。

今天，绝大多数地球生命都在中心法则的支配下生存繁衍，DNA 存储遗传信息并持续地自我复制，DNA 通过 RNA 控制了蛋白质的合成和生物体的性状（见图 3-8）。RNA 仅仅作为信息流动的中间载体出现，看起来多余而浪费。但是在远古地球，情形可能会很不相同。赞成 RNA 世界理论的科学家认为，在那时也许既没有 DNA 也没有蛋白质，而是 RNA 分子身兼两职：既能代替 DNA 存储遗传信息，又能代替蛋白质推动各种生物化学反应。

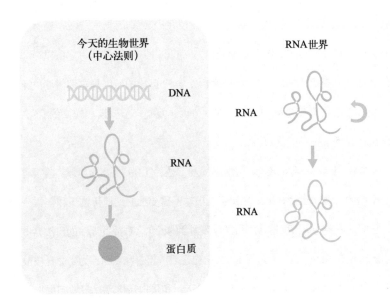

图 3-8　今天的生物世界和 RNA 世界

　　而可能在 RNA 世界出现甚至统治地球之后，今天地球生命的绝对统治者——DNA 和蛋白质——才崭露头角。从某种意义上说，它们利用各自的优势，从身兼存储遗传信息和催化生命活动的 RNA 分子那里抢走了原本属于它的荣耀。

　　相比 RNA，DNA 是更好的遗传信息载体，因为 DNA 的化学性质更加稳定，在自我复制的过程中出错率更低。相比 RNA，蛋白质又是更好的生命活动催化剂。由 20 种氨基酸装配而成的蛋白质分子，比仅有四种核苷酸装配而成的 RNA，可以折叠出更复杂的三维立体结构，可以推动更多更复杂的生物化学反应。因此，在今天的地球上，对于绝大多数生物而言，RNA 反而成了一个中间角色，仅仅通过生硬地将 DNA 插入蛋白质中的信息流动，宣示着自己曾经的无限荣光。仅仅在少数病毒体内，RNA 仍然扮演着独一无二的遗传信息密码本的角色。而我们推测，一些病毒之所以至今仍然顽固地抗拒使用 DNA 作为遗传物质，一个可能的原因是它们需要快速产生变异以逃脱免疫系统的攻击。在这方面，复制环节错误率较高的 RNA 分子反而具备了独特的优势。

所以说到这里，我们不得不遗憾地宣称，生命 1.0 到 4.0 的思想实验很可能是多余的。地球生命在诞生之初可能根本不需要独立的遗传物质和催化分子，它们只需要能量帮助地球生命摆脱热力学的诅咒，在混乱无序的自然界中建立起精致有序的生命结构。而 RNA 祖先则肩负起自我复制、为生命开枝散叶的重任。而此后 40 亿年的漫漫演化，DNA 和蛋白质出现，多细胞生物诞生，人类萌生，智慧出现，其实都只是那一次伟大结合的绵绵余韵而已！

第4章

细胞膜：分离之墙

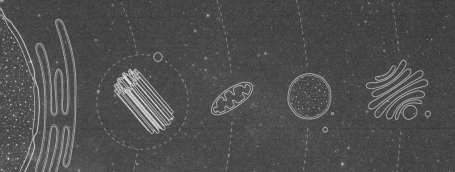

生命的外壳

对于地球生命来说，生命体和周围环境之间总是存在着不言而喻的清晰界限。皮肤和毛发包裹着人类的躯体，水里的鱼虾顶着闪闪发光的鳞片或者厚厚的硬壳，树木的躯干也围着斑驳嶙峋的树皮。很难想象会存在一种生命，它和环境之间有着缓慢过渡的边界。就像我们看不到人体的内脏飞得满房间都是，也不会看到树木若有若无的魅影笼罩成了一片树林。

在微观视角下，几乎所有的地球生命都是由一个或多个，乃至上百万亿个微小的细胞构成的。即便是不以细胞形式存在的病毒生命，也只有在进入宿主细胞后才能"活"过来开始自己的生命历程。细胞是构成地球生命的基本物理单元。细胞内外，生命和环境的界限不言而喻。

从某种意义上说，每一个细胞都可以看作一个有着自己独特生活经历和命运的生命体。祖先细胞的 DNA 分子在完成自我复制后各奔东西，携带着祖先的记忆，伴随着细胞本身一分为二，完成生命的繁衍复制。在每一个细胞内部，能量货币 ATP 驱动着各种各样生命活动的进行，它让红细胞吸满氧气在血管里畅游，让神经细胞释放高高蓄积的离子水位产生微弱的生物电流，让草履虫的纤毛轻轻摆动，让大肠杆菌修补外壳上破损的脂多糖。而到生命的尽头，细胞或因为外敌的入侵不幸罹难，或按照自身的生命密码启动自杀程序，曾经辉煌壮丽的生命大厦轰然倒塌，曾经严整有序的形态、结构和生物分子慢慢破损消亡。

马蒂亚斯·雅各布·施莱登（Matthias Jakob Schleiden）和西奥多·施

旺（Theodor Schwann）是细胞学说的集大成者。1839年，两人分别提出植物和动物都是由许多个微小的细胞组成的，细胞是生命的基本单元。尽管后世对于两位学者在细胞学说中的具体贡献一直存有争议，但是细胞学说无疑是还原和解释生命现象的重要飞跃。在细胞学说的视野里，包括人类在内的高等生物实际上和肉眼看不见的细菌并没有什么本质的区别，都受到相同物理化学规律的约束。

和宏观生命一样，细胞这种微观生命也是有清晰边界的（见图4-1）。它们被一层仅有几纳米厚的脂类分子薄膜严密地包裹起来，薄膜内部是生机勃勃的生命活动，外部则是危险冷漠的外在世界。实际上，考虑到地球生命都是由数量不等的细胞构成的，我们完全可以认为这层薄膜才是生命和地球环境的边界。想到由仅仅几纳米的薄膜构成了人体的躯壳，让空气、水和我们身上的服饰不会轻而易举地深入我们身体内部，这种感觉真的有点怪怪的。

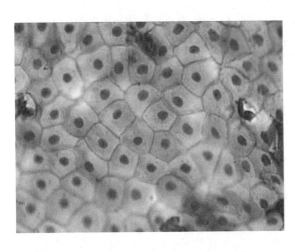

图4-1　显微镜下的青蛙表皮细胞。其中深色的圆形是每一个细胞的细胞核。表皮细胞彼此之间紧密相连，构成了动物身体最外层的屏障

在逻辑上很容易想通这层薄膜的意义——它远比简单的一层物理屏障重要得多。

我们在前面讲过，能量和自我复制是生命从混乱无序的环境中萌发并万世长青的两个基本条件。换句话说，生命现象想要存在，必须在局部蓄积起足够浓度的能量（例如能量货币 ATP），然后用它驱动某种能够携带遗传信息的生物大分子（例如 DNA 和 RNA）的自我复制。那么可想而知，如果没有一层物理屏障的话，能量分子和遗传物质哪怕能够偶然出现，也会像在原始海洋里滴一滴墨汁一样，迅速稀释得无踪无迹。或者反过来说，从 46 亿年前地球形成开始，能量分子和遗传物质可能自发出现过千千万万次。但是必须再耐心等待 10 亿年，直到第一个原始细胞出现，为能量分子和遗传物质构造起"分离之墙"，并且从那一刻开始，始终包裹在每一个细胞和它们的后代周围，地球生命才真正有可能告别昙花一现的化学反应现象，稳定地存活下来，利用能量驱动生命活动，利用自我复制适应地球环境，开枝散叶一直到今天。

当然了，即便没有这层薄膜，化学家仍然可以设想出许多场合能够聚拢能量分子和遗传物质。比如，我们可以设想最早的生物化学反应并不是在海洋里进行的，而是固定在某种固体（例如海底矿床和火山）的表面，我们也可以设想岩石内部存在微小的孔隙，生命物质可以在孔隙里维持很高的浓度。但是不管是矿床还是岩石孔隙，都不会跟着生命自我复制的节奏扩张。生命的最终出现，仍然需要有一座分离之墙，一层生命自身能够制造和储备的薄膜。

不需要做任何观察和实验，我们也能轻而易举地推导出这层分离之墙具有许多有趣的性质。

首先，它必须是一种不溶于水的化学物质，否则就会在地球原始海洋里轻易地分崩离析。其次，它必须能够形成致密的结构，要是孔隙太大，各种物质能够自由进出，这层膜也就没有用了。而基于这两点，我们还能猜想出这层膜的第三个性质：它必须具备一定程度的通透性，能够让某些分子穿梭于细胞内外，例如氧气、营养物质、细胞产生的废物，等等。不溶于水、致密包裹、有选择透过性，考虑到地球原始海洋里并没有多少原材料可以选，按说生命这道分离之墙的性质应该昭然若揭了。

然而让人跌破眼镜的是，从英国科学家罗伯特·胡克（Robert Hooke）在显微镜下观察到植物软木标本里一个个蜂巢状的微小结构（见图4-2）并于1665年提出"细胞"的概念[1]，到1972年西摩·辛格（Seymour Singer）和加斯·尼克尔森（Garth Nicolson）提出目前被广为接受的细胞膜物质解释"流动镶嵌模型"，足足用了300多年的时间！

---

[1] 1665年，胡克发表了巨著《显微术》。他在书中展示了在显微镜下观察到的软木标本图片，并把蜂巢状的结构命名为"细胞"（cell，意为"小室"）。我们现在知道，胡克图片中的蜂巢结构其实是植物的细胞壁，这是一种由多糖类物质形成的结构。细胞壁内部才是细胞膜。动物细胞没有细胞壁。

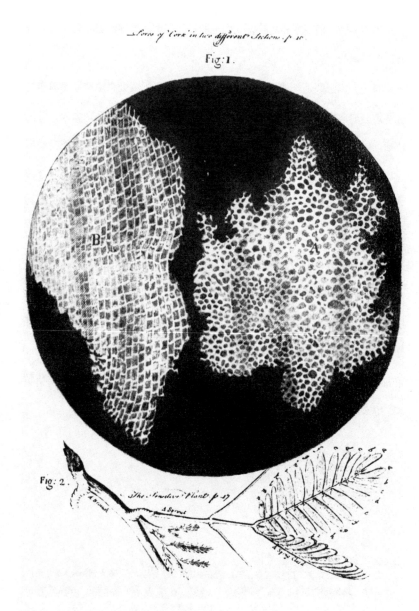

图4-2　胡克在显微镜下观察到的软木标本图片

看见分离之墙

科学研究从来就不是一蹴而就的坦途，曲折反复、浴火重生是常态。但是无论如何，从知道有一层逻辑上必须存在的膜，到搞清楚这层膜到底是什么，300年还是太长太长了，长到在对科学史盖棺定论的时候，我们必须对此给出一个合理的解释。

敏锐的读者可能已经猜到了：这个解释就是，这层膜实在是太薄了！厚度还不到10纳米，远远低于光学成像的理论极限分辨率200纳米。人类科学家再雕琢自己的光学显微镜镜片，也不可能看到这层膜的样子（胡克在软木标本中看到的蜂巢结构其实是细胞壁，一种植物细胞特有的坚硬外壳）。看都看不见的东西，天知道它存不存在？而在生物学家瞪大眼睛反复看，都没有看到传说中这层膜的样子之后，自然而然会有一批人转而开始考虑其他的可能性。比如，直到20世纪初，仍然有不少生物学家认为这层膜压根儿就是不存在的，细胞内的物质像胶水一样黏合在一起才不会破碎和稀释。这个解释现在看起来几乎是错误的，就算是每一个细胞内的物质可以按照这种方式聚集而不散开，怎么才能防止细胞和细胞之间的"胶水"黏在一起呢？这种解释仍然离不开一个在物理化学性质上截然不同的"分离之墙"。归根结底，生物学家还是败给了自己"眼见为实"的思维定式。

话说回来，要说服大家相信一个看不见摸不着的东西仅仅因为逻辑上的理由就必须存在，确实还是需要些勇气的。读者可能会想到一个类似的例子：物理学中"以太"的概念。而且别忘了，以太的概念最终被证明是多余的！

所幸从 18 世纪开始，生物学家观察到了一个很有趣的现象：把动物的红细胞从血液里提取出来，丢进各种各样的溶液中，如果溶液里盐分很足，细胞会缩成一小团；如果溶液里盐分很少甚至没有，细胞又会肿胀得很大。这个现象当然可以有各种各样的解释，但是最简单的解释就是把细胞想象成一个薄膜包裹的盛水口袋，水可以在薄膜两边自由地流动，但是盐分子不可以。如果外界环境盐分太足，就会形成外高内低的盐浓度差，也就是说，内高外低的水浓度差。因而水会顺着这种浓度差，从里往外渗出来，让口袋变小；反过来水就会渗进口袋，让口袋变大。

到了 19 世纪末，在检测了市面上能找到的数百种化学物质之后，英国科学家厄内斯特·欧福顿（Ernest Overton）发现，并不是把细胞丢在什么溶液里它都会像变戏法一样长大缩小的。各种各样的盐溶液都没有问题，但是如果换成脂类分子溶液（比如胆固醇），这种戏法就不灵了。那么根据上面的逻辑继续推论，我们还可以进一步猜测脂类分子也能自由通过细胞膜。这样在脂肪和水的环境里，细胞膜就像筛子一样，完全起不到"分离之墙"的作用，当然也就谈不上能控制细胞的大小了。在此观察的基础上，欧福顿天才地设想，这层薄薄的细胞膜可能本身就是由脂类分子构成的，特别是胆固醇和磷脂这两种脂类分子。

这个设想一举解决了我们关于"分离之墙"特性的猜测。大家都知道"油水不相容"，这是因为水分子带有强烈的极性，它的氧原子上带有强烈的负电荷，氢原子上则带有正电荷，因此水分子之间能够通过正负电荷的吸引形成稳定的结构。相反，大多数脂类分子的电荷分布很均匀，一旦放入水中，不仅不能和水分子形成电荷吸引，反而还会破坏水分子之间的稳定关系，就像把玻璃弹珠扔进一堆方方正正的乐高玩具中一样不合时宜。因此脂肪分子不溶于水，而且在水中还会自发聚集成团，尽可能减少表面积，减少暴露在水分子面前的机会。这样一来，由脂类分子构成的膜当然就不会在水中分崩离析，而且天然地形成致密的结构，包裹住细胞内的生命物质。

当然了，欧福顿的理论听起来头头是道，但是有一个相当致命的技术问题没有涉及。脂类分子构成的膜为什么不会动不动就突然崩塌，进一步收缩成更小更致密、表面积更小的球？要知道，既然脂类分子在水中的天然倾向是减小表面积，那自身聚集成一个实心球，把大多数脂肪都包裹起来岂不是最好的解决方案？

这个问题又过了20多年才得到完美的解决。1925年，荷兰莱顿大学的科学家高特（Evert Gorter）和格兰戴尔（François Grendel）决定直接使用化学方法，把这层假想中的"分离之墙"提取出来，看看它们是什么——如果它们如欧福顿所说的当真存在的话。

根据欧福顿的理论，这层膜是脂类分子，因此可以用有机溶剂轻松提纯。然后，高特和格兰戴尔把从红细胞中提取的这些物质平铺到一杯水上，小心翼翼地拉成了一层膜。这个过程有点像把吃菜剩下的油倒进开水里，水的表面就会形成一层油光光的薄膜。然后他们发现，拉出这层膜的面积，排除掉实验误差，差不多正好是计算出的红细胞表面积的两倍！换句话说，细胞膜应该不是一层，而是由两层分子构成的（见图 4-3）。

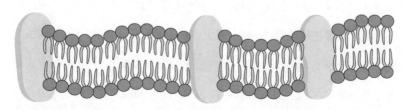

图 4-3 高特和格兰戴尔提出的磷脂双分子层模型。简单来说，细胞膜是由两层紧密排列的磷脂分子构成的，磷脂分子的极性"头"朝外，和水分子亲密结合，非极性"尾"则隐藏在分子内部。可以看出，这样的结构最大限度地避免了电中性的尾巴和水分子的接触，物理性质很稳定

这时高特和格兰戴尔又想起了欧福顿理论中一个总是被人忽略的小细节。欧福顿预测，细胞膜的物质成分是磷脂和胆固醇，而这两种脂类分子都有一个异乎寻常的特性：分子骨架的绝大多数地方都是电中性的，因此天然排斥水分子。但是两种分子的顶端却恰好都有一个带有电荷的"头"，因此是可以和水分子亲密结合的。也就是说，这两种分子兼具了油和水的性质，头像水，尾巴像油。这样一来，这个双层膜的现象就很好解释了。两层膜对称排列，都是头朝外，尾巴朝内，那么分子骨架上电中性的部分被完全隐藏在了内部，而分子头部带电荷的部分又可以用来结合水分子，一举两得。这样的结构甚至比单纯用脂肪分子堆积一个实心小球还要稳定！

直到此时，对细胞膜的存在、细胞膜的特性、细胞膜的化学构成才真正取得了共识。高特和格兰戴尔的双分子层模型在此后经历过几次小的更正和改动，但是细胞膜的基本形态模型已经确定。实际上，尽管大家真正"看"到细胞膜是在那之后二三十年，20 世纪 50 年代电子显微镜足够进步的时

候，但是真到那个时候，大家反而没有那么大惊小怪了——因为细胞膜必须存在、由磷脂和胆固醇分子构成、是一个双层膜的夹心结构这几个要点，在"眼见为实"之前就已经深入人心并写进教科书了。

实际上，这样一种细胞膜不光是逻辑上容易理解、实验上得到了证明，它还非常容易形成。最后一点对于解释地球生命的起源——也许包括宇宙许多生命形态的起源——非常重要。只要把一些具备类似兼具油水性质的分子放在水里，它们可以自发形成一层薄膜，包裹成一个空心球的形状。也就是说，只要在原始海洋里的某个地方，不管是终日喷涌的海底火山，还是狂风暴雨的海洋表面，某个化学反应能够批量制造出脂类分子，最早的细胞结构就可以自发形成，剩下的问题无非是怎么用这种结构把能量分子以及遗传物质包裹起来而已。

关于这一点，最动人心魄的证明来自地球之外。

1969 年，一个巨大的火球从天而降，击中澳大利亚维多利亚州的莫奇森，留下腾空而起的蘑菇云。人们很快确认，爆炸来自一颗重达 100 千克的陨石（见图 4-4），它坠地产生的碎片散布在 10 多平方千米的地面。人们惊奇地发现，这颗陨石上携带了大量的有机物质——几十种氨基酸和脂肪分子，甚至还有能够形成 DNA 和 RNA 分子的嘌呤和嘧啶——这些物质和米勒 - 尤里实验的产物惊人地相似。

这些发现立刻引发了两种完全不同的解读。在一部分人看来，地球生命可能就来自这些从天而降的陨石，早期地球经历了密集的陨石雨轰击，来自天外的生命物质很可能足够多，因此构成了地球生命的物质基础。

图4-4 莫奇森陨石。1969年9月28日上午11点坠落在澳大利亚。现藏于美国国家自然历史博物馆

　　而在另一部分人看来，莫奇森陨石的发现恰恰说明根本不需要把地球生命的尊严寄托于天外来客，既然陨石携带的物质如此接近米勒－尤里实验的发现，那么在早期地球海洋中，在雷鸣电闪和火山喷发中制造出地球生命所需的物质，应该非常简单。地球生命的出现根本不需要借用什么天外陨石的假说。

　　到了1985年，关于莫奇森陨石的研究又一次震动了科学界。美国人大卫·蒂莫（David Deamer）证明，从陨石中提取出来的脂类分子也可以自发形成类似于细胞膜的结构。如果说在此之前，借由米勒－尤里实验和对莫奇森陨石的研究，科学家已经不怀疑生命物质出现在宇宙中是一件平淡无奇的事情，那么蒂莫的发现说明，就连第一个真正的生命——细胞——的出现可能都没有人类想的那样复杂，它同样可能是一件自然而然、平淡无奇的小事件！

还记得我们前面故事里提到的生命 4.0 吗？有了能量，有了遗传物质，有了细胞膜。地球生命起源的三大要素就此功德圆满。

能量驱动生命活动，保证高度有序的生命能够克服热力学第二定律的诅咒，在混乱多变的环境中生存下来。自我复制的生命用数量战胜意外，用自身变化应对环境变化，确保生命不会因为意外事故或者墨守成规而凋谢。细胞膜这道"分离之墙"，为能量分子和遗传物质提供了周全的保护，让它们能够稳定地蓄积和保存，并且让两者足够接近，能量分子可以方便地驱动遗传物质的自我复制，而遗传物质也可以更方便地指挥蛋白质分子（例如ATP 合成酶）的制造，从而制造出更多的能量。

细胞的出现让生命现象突然变得异常丰富多彩。从纳米尺度的 DNA、RNA 和蛋白质分子，到微米尺度的细胞，生命现象的物理尺度增大了上千倍。这也意味着生命的复杂程度上升了数十亿倍（上千倍的三次方）！我们可以如此设想，在细胞出现之前，生命现象只能由一个纳米尺度的生物大分子——不管是蛋白质还是 RNA 核酶——来独立推动。而在细胞膜最后"合龙"、制造出一个微米级别直径的封闭空间后，数不清的生物大分子就有机会在近距离内传递能量，合作分工，完成复杂的工作。

但是，在我们开香槟庆祝生命之花绽放之前，还有一个非常大的问题没有解决。

第一个细胞是怎么来的？

在本章故事的一开始，我们就说到细胞"分离之墙"必须具备三个性质：不溶于水，致密包裹，选择性通透。磷脂双层膜完美地解决了前两个问题。但是选择性通透呢？或者说得更具体一点，就像欧福顿实验证明过的那样，脂质分子可以轻而易举地穿越细胞膜，但是对生命至关重要的其他物质呢？能量物质葡萄糖怎么进入细胞？细胞自身无法合成的金属离子怎么进入细胞？更要命的是，水分子又是怎么进出细胞的？要知道，水分子可是脂肪分子的天生对头啊。

在今天的地球生命中，这个问题解释起来有点复杂，但是原理上并不难懂。简而言之，细胞膜上"镶嵌"着各种各样的蛋白质分子，它们可以帮助物质进行跨细胞膜流动，或者说它们能够形成一个狭窄的孔道，让分子自由进出细胞（取决于细胞内外的浓度），水分子和金属离子大多数时候是这样进出细胞的。有时候，细胞膜上的蛋白质甚至可以将物质从低浓度一侧运输到高浓度一侧，当然毫无疑问，这需要消耗能量。较大的分子就是依靠这种机制运输的。

在最极端的例子里，细胞甚至可以通过大尺度的扭曲折叠来运输分子。比如，我们血液里的白细胞可以将整个细菌都包裹起来"吞噬"进细胞内，我们大脑里的神经细胞可以反其道而行之，将细胞内的小液泡释放到细胞外，进行神经信号的传递。说起来，这些信息可能是过去半个多世纪里，科学界对高特和格兰戴尔磷脂双分子层模型最重要的修改了。细胞膜不再是平静无趣的致密球壳，而是一个镶嵌着各种各样的蛋白质分子、一刻不停地疏导着细胞内外交通的重要分子机器（图4-5为一个简化版的细胞膜流动镶嵌模型）。

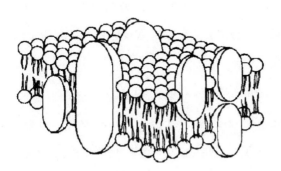

图4-5 一个简化版的细胞膜流动镶嵌模型。在当下的细胞膜标准模型中，细胞膜不仅仅是两层单调的磷脂分子。在磷脂分子层中镶嵌着各种各样的蛋白质分子，有的朝向细胞内侧，有的朝向外侧，有的干脆横贯其中。这些蛋白质分子的功能非常复杂，对我们的故事而言，最重要的功能也许是连通细胞内外，运输物质

但是，如果我们把问题延伸得久远一点，聚焦在最早的地球生命上，那么这个问题就无法简单地解答了。在第一个细胞形成的时候，能量分子和遗传物质是怎么跑到细胞膜"里面"去的？

这个听起来有点傻的问题，真要仔细琢磨一下，会让人心神不定。没错，只要制造出一些磷脂分子，它们会自己聚集成空心球模样的原始细胞。没错，RNA分子可能是世界最早的统治者，它们可以催化很复杂的生物化学反应，也能完成自我复制。还是没错，ATP合成酶这种蛋白质能够像一个微型水电站一样，被汹涌而过的离子水流驱动，将化学势能转化为能量货币ATP，驱动生命活动。更妙的是，不管是磷脂分子，还是RNA和蛋白质的组成单元核苷酸和氨基酸，都不是难以制造的分子，米勒和尤里能在烧瓶里制造，就连从天而降的莫奇森陨石上都带着这些不知道在宇宙的哪个角落制造出来的分子。

　　但是问题也就出现了，无论是 RNA 分子还是蛋白质分子，都是亲水憎油的极性分子，它们根本不可能自由穿过细胞膜进入内部的空腔！除非我们设想一种情形，当一堆磷脂分子正在缓慢聚集成球的时候，恰好在它们中间存在几个 RNA 分子和 ATP 合成酶分子，它们运气爆棚地被包裹在了细胞膜内。要想这样的情形出现，我们需要的已经不仅仅是化学上的可能性了，还需要时间和空间上的惊人巧合。

　　更何况，今天地球生命用来连通细胞内外的蛋白质分子，在第一个细胞形成的时候应该都是不存在的。说到底，我们似乎又碰到了那个"鸡生蛋还是蛋生鸡"的头疼问题。一方面，制造这些连通内外的蛋白质分子，需要复杂的遗传信息和大量的能量，应该是细胞生命经历长期演化之后的产物；但是另一方面，要是没有这些蛋白质分子将生命物质运送到细胞膜内部，第一个细胞压根儿就没办法形成！难道我们只能寄希望于惊人的时空巧合？而这个概率实在是小到令人难以置信，因此科学家没有放弃努力，一直在寻找一个看起来更合理的解释。

　　比如，一种解释是这样的，可能在细胞最初形成的时候，"分离之墙"的密闭性还没有那么好，DNA、RNA 和蛋白质还能自由地穿过，安居在细胞内。在细胞生命启程之后，自然选择的力量逐渐改变了细胞膜的化学组成，最终补上了细胞膜上的漏洞。这种解释得到了莫奇森陨石的支持。蒂莫的研究就发现，陨石上的脂类分子和今天细胞膜上的脂类分子略有不同，形成的空心球也具有不同的通透性。

另一种针锋相对的解释是，生物物质不需要"进去"，它们从一开始就定位在细胞空心球的外面。在此后细胞空心球或是通过向内凹陷，或是通过折叠断裂，形成了一个与拓扑结构恰好相反的空心球，这样蛋白质和遗传物质就悄无声息地挪到了细胞内部（见图4-6）。这种建议尚没有多少演化生物学证据的支持，但是不得不承认，今天的地球细胞确实有折叠扭曲细胞膜的能力，比如人体的白细胞就可以通过类似的过程"吞噬"入侵人体的细菌。

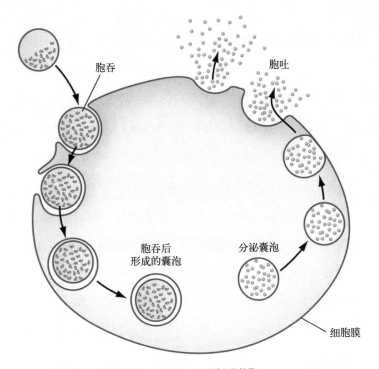

图4-6 细胞膜的大尺度流动可以产生"吞咽"和"吐出"的效果

　　如果我们回想一下上一个"先有鸡还是先有蛋"的问题的解决方案，也许能得到一些有趣的启示。遗传物质 DNA 和活性分子蛋白质难以独立存在，但是两者同时出现的概率又微乎其微，对于这个困扰生物学家很多年的问题，一个最有希望的答案是 RNA——一种能够兼具遗传信息储存和生物活动催化能力的分子。那么有没有可能，"分离之墙"细胞膜的出现和连通细胞内外的物质运输这两个问题也会有一个两全其美的解决方案呢？

　　可能还真有。说到这里，我们的故事要重新请出前任主角 ATP 合成酶了。

　　我们在前面的故事里讲过，这个蛋白质对于地球生命有着无可替代的重要意义，它能够利用化学势能制造能量货币 ATP，驱动复杂的生命活动。如果说要给最早的地球生命选一个必须拥有的蛋白质分子，ATP 合成酶是当仁不让的入选者。实际上，通过对今天地球生命各个分支的大规模分析，我们也推测现代生物的最后共同祖先可能是存在于三四十亿年前的单细胞生物。而在那时，原始的 ATP 合成酶就已经存在了。

　　但是在前面的故事里，我故意留了一个漏洞给大家，不知道有没有人产生了疑惑？就像水电站的运转依赖于大坝两侧的水位差一样，ATP 合成酶的运转依赖于离子的浓度差。但是，在一个离子自由扩散的环境里，这样的浓度差是不可能稳定存在的。也就是说，ATP 合成酶的工作依赖于"分离之墙"。实际上在今天地球生命的内部，ATP 合成酶定位在细胞内部一个叫作线粒体的细胞机器上，线粒体的膜构成了这道"分离之墙"，蓄积起氢离子浓度，这是 ATP 合成酶的工作基础。

而演化生物学的分析显示，在三四十亿年前，ATP合成酶可能还不是今天的模样。那个时候它长得还不太像精巧的分子发电机，中间大概有个直径两三纳米的孔道，可以让物质自由地流动穿梭。同时，推动它运转的大概也不是氢离子，而是钠离子——考虑到海洋中高浓度的钠离子，这一点并不令人惊奇。也就是说，在原始细胞开始形成的时候，ATP合成酶一举解决了能量产生和物质运输这两大难题。海水中的高浓度钠离子冲击细胞膜上的ATP合成酶制造出ATP，与此同时，遗传物质也可以借路进入细胞之内。在此之后，伴随着细胞生命的演化，越来越多的复杂蛋白质被生产出来，它们承担起连通细胞内外运输的职责，这时候细胞膜就逐渐变得越来越密闭，ATP合成酶也逐渐关闭了它当中的暗门。就像RNA分子一样，远古的ATP合成酶可能同时起到了"蛋"和"鸡"的作用，一身完成了制造能量和运输物质的使命。

也许就是这样，在大约40亿年前的某一天，ATP合成酶最终关闭了它狭窄的暗门，第一个完整的细胞出现，让地球生命的发展终于走上了快车道。

我们可以用达尔文的自然选择理论来理解细胞的意义。在细胞出现之前，自然选择的对象是RNA核酶。哪个核酶分子能够更好地利用能量完成自我复制，能够复制得足够快以便逃脱意外事故，能够复制得足够精确以保留自身的优良特性，但是又能允许微小的错误以适应多变的环境，哪个核酶分子就能够活下来，还能"子孙"繁盛，甚至统治整个地球的海洋。但是无论如何，统治地球的不过是一些能够自我复制的生物分子而已，它们可能长度不同，化学组成不同，对水温和酸碱度的适应能力不同。但是在此之外，它们能做的事情非常有限。

而在细胞出现后，细胞自然而然地成了自然选择的对象。在这个背景下，细胞内部的生物化学反应具备了更大的自由度。在细胞出现之前，由一个分子构成的地球生命始终行走在刀锋边缘，一丁点错误都会让它们掉入万劫不复的深渊，实在没有什么闪转腾挪的空间。而在细胞出现之后，由亿万个分子构成的地球生命可以实现近乎无穷的排列组合，在任一种环境下，任一个时空里，都一定有许多组合能够让它活下来。因此我们可以想象，在同样的环境压力下，细胞生命有更多的机会演化出五花八门的生命形态。这也是为什么在今天的地球上，在人类肉眼看不到的地方，生活着仅有一两个微米大小的细菌，也生活着直径上百微米的巨型阿米巴虫；生活着利用太阳能制造 ATP 和生命物质的蓝藻，也生活着靠吞噬动物肠道里的营养物质为生的大肠杆菌；生活着摆动纤毛在水中游动捕食的草履虫，也生活着抱着一大串磁铁能够定位磁场的趋磁细菌。它们仅有的共同点，可能就是利用能量、自我复制和细胞膜这层"分离之墙"。在此基础之上，生命拥有无限的想象空间。

换句话说，有了这道"分离之墙"，才有了我们接下来的美妙故事。让我们继续探索，好好看看这 40 亿年的演化呈现给我们的无穷的想象空间吧。

第 5 章

分工：伟大的分道扬镳

能量在混乱无序的大自然中建立了辉煌有序的生命大厦，自我复制保证了生命能够抵抗漫漫历史长河中的衰退和凋谢，"分离之墙"则让两者合二为一，为地球生命找到了一个足以安身的小窝。有了这三条要素，地球生命数十亿年的壮丽演化看起来水到渠成。

但是，你可能已经注意到了，在这三个约束条件下发展起来的地球生命完全可以停留在非常简单的形态中。就像我们前面的故事里讲的那样，一层薄薄的细胞膜包裹住生命所需的一切元素——从遗传物质 DNA 或者 RNA，到推动各种生命现象运转的蛋白质分子，从水到各种各样的金属离子，等等。实际上，即便在今天的地球上，地球生物圈的主宰都还是最简单的仅有一个细胞的生物——细菌、真菌和古细菌。在单细胞生命出现和繁盛之后，到底是什么力量催生了更为复杂的地球生命呢？

很多读者会自然地想象，高度发达、成功繁衍的生物一定是复杂的；或者反过来说，为了抢占地球生物圈里有限的资源和栖息地，地球生命"不得不"演化出更多的机能，也就是说，变得复杂。我们日常生活中的观察很可能会强化这种误解：蒲公英利用风力把挂着小伞的种子撒向四面八方，向日葵能调整花的方向更好地面对太阳，我们养的金鱼能在水中轻快敏捷地游向抛到水中的鱼食，更不要说看起来霸占了整个生物圈的人类，仅仅利用头脑的力量就上天入地下海，无所不能。这些让人叹为观止的生命奇观都需要复杂精巧的生物结构。中学课本上有句老话，说演化就是"从简单到复杂"，听起来似乎一点也没错。因为只有复杂的生物才能实现复杂的生物功能，才能在地球上成功地生存和繁殖后代嘛。

但是如果从整个生物演化历史、整个地球生物圈的时空尺度来看，"成功"的生物还真的和复杂程度没有什么必然的关系。不管从哪个尺度衡量，地球上最成功的生物仍旧是那些人眼看都看不见的单细胞生物。论数量，全世界有 70 多亿人、200 多亿只鸡（拜热爱肉食的人类所赐）、上千万亿只蚂蚁，而仅仅是单细胞细菌就有 10^{30} 个。论总重量，地球人类和地球蚂蚁都有差不多一亿吨，细菌则有三五千亿吨重。论物种的丰富程度，70 多亿地球人同属人属智人种，而整个人属生物成功存活到今天的仅仅是智人这一个物种而已，我们连兄弟姐妹都没有。而单细胞生物呢？真菌就有 60 多万种，而细菌的物种总数到今天仍然是一笔糊涂账。有科学家推测，少说得有一万种，而有的科学家则觉得一勺泥土里可能就有这么多细菌物种！

即便抛开这些粗暴的宏观指标不谈，仅仅看地球生命的三个约束条件呢？人体和细菌都是由细胞构成的，两者无非是"分离之墙"细胞膜的物质组成有些区别。比较利用能量的效率，小小的细菌和地球人类难分轩轾。要是比自我复制的速度，前者更是远胜后者。论及出身的话，先不说人类，就算是在最早的多细胞生物出现之前，单细胞生物曾经孤独地统治地球 20 多亿年。而我们熟悉的恐龙、哺乳类和开花植物在地球上的生存期仅有短短几亿年。论生存空间，在地球生物圈所有能想象的地方——哪怕是暗无天日的深海、氧气稀薄的万米高空、终日冒着烟雾的热泉——都能找到单细胞生物的踪影。地球人类总喜欢拿走出地球、走向宇宙来标榜自身的智慧，可是我们也知道，早就有数不清的细菌附着在人类航天器的外壳上飞向了宇宙，并且它们还确确实实可以在无氧、温度变化剧烈、充斥着宇宙射线照射的环境里生存！

吃还是被吃？

　　和很多人的想象不同，渺小简单的单细胞生物（大多数时候仅有几微米到几十微米大小）却可以实现相当复杂的功能。许多单细胞生物可以利用长长的鞭毛驱动自身运动（见图 5-1），有些单细胞生物（例如蓝藻和草履虫）甚至有了非常原始的光感觉系统。

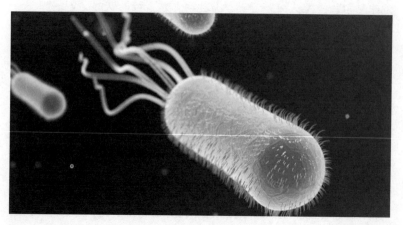

图 5-1　正在游泳的细菌（示意图）

　　因此，问题其实可以反过来问：既然单细胞生命如此古老，如此顽强，如此富有生命力，那么更复杂的生物为什么会产生？是如何产生的？为什么在产生之后也会繁盛至今？这是一种历史的必然，还是漫长演化史中一片偶然的涟漪？

　　毫无疑问，复杂生命出现的第一步，是从单个细胞组成的生命，到许多个细胞粘连在一起形成的多细胞生命。一个本质性的约束在于，单细胞生命不可能长到无限大。一般而言，单细胞生物的直径在几微米到几十微米之间，只有在某些极其罕见的环境中才会存在体积非常庞大（相对而言）的单细胞生物，例如在深海一万多米下的马里亚纳海沟发现的古怪生物，单个细胞甚至可以长到大小 10 厘米的尺度！

为什么单个细胞的体积看起来有一种无形的约束呢？一个关键原因是物质交换的压力。在"分离之墙"的故事里我们已经说明，隔绝生命和环境的细胞膜同时也为生命与环境之间进行物质交换提供了通道：营养物质需要进入细胞，生命活动产生的废物需要离开。而细胞如果变得太大，那么相对它的内容物来说，细胞膜就太小了。比如，如果一个细胞的直径扩大一倍，那么体积就会变为之前的八倍，但是细胞膜的表面积却仅仅扩大为原来的四倍。也就是说，在这个大号细胞里，细胞膜进行物质交换的压力就大了一倍。

而另一个关键原因则是物质生产的压力。我们知道，生命现象需要蛋白质分子的驱动，而蛋白质合成需要遗传物质 DNA 作为模板。在大号的单细胞生命中，对于蛋白质分子的需求会以直径的三次方的速度增加，但是 DNA 模板却永远都只有那么一套。也就是说，大号细胞会对 DNA → RNA → 蛋白质的工作效率提出离谱的要求。

这两个原因加起来，应该能够解释为什么绝大多数单细胞生物都生活在人眼不及的微观尺度中了。也是同样的原因，如果生命想要实现更复杂的功能（我们暂且不讨论为什么生命需要这些功能），唯一的办法就是增加身体内细胞的数量，让更多的细胞，而不是个头更大的细胞，去完成这些复杂的功能。

　　这个目标具体怎么实现呢？

　　我们必须强调，至少在纯粹的技术层面上，单细胞生命演变成多细胞生命并没有什么出奇复杂的地方，实现起来也挺简单的。在"分离之墙"的故事里，我们讲过，在细胞生命出现后，细胞就成了生命复制繁衍的基本单元。单细胞生物长大变长，完整地复制一套携带所有遗传信息的 DNA 密码本。之后，单细胞生物从中断裂开来，一分为二，各执一份 DNA 密码本，变成两个大多数时候都一模一样的后代细胞。两个后代细胞彻底分离，各自独立生活，再一次开启遗传物质复制 – 细胞分裂 – 后代细胞分离的循环。从某种意义上说，地球上现在活着的所有单细胞生物，都可以回溯到一个从亿万年前就开始分裂不休的英雄"母亲"。

　　在这个遗传物质复制 – 细胞分裂 – 后代细胞分离的无限循环支持下，单细胞生物想要变成多细胞生物就很简单了。理论上说，只需要保留复制 – 分裂的步骤，让分离这一步无法进行就可以了。这样，单细胞"母亲"仍然可以源源不断地复制出大量的后代来，但是这些后代总是牢牢地结合在一起无法分离，一个最原始的多细胞生物不就制造出来了吗？

　　事实上，地球上的多细胞生物很可能真是这么来的。当然，我们无法乘坐时光机器，亲自去查看多细胞生物的祖先是何时何地从单细胞生物衍生而来的。但是通过分析现存多细胞生物的基因组信息，我们能够推断，单细胞生物到多细胞生物的变化在整个演化史上至少反复和独立出现了 46 次，这也间接地说明了让后代细胞从彼此分离变成相互结合并没有难以逾越的门槛。

今天我们已经能在实验室里重现这个现象。科学家发现，仅仅需要改变DNA 密码本的一个字母（也就是 DNA 链条上的一个核苷酸的身份），就能够让一种单细胞生物变成雪花状的多细胞生物。说得更技术一点，单细胞生命的两个后代在刚刚分裂完成的时候总是粘连在一起。演化的力量只需要在两个后代细胞之间的连接处动动手脚，让两个后代细胞"粘连"得更紧一点，不那么容易分开，多细胞生命的出现就水到渠成了（见图 5-2）。

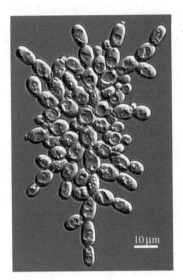

10 μm

图 5-2　携带 ACE2 遗传突变、具备多细胞形态的酵母。广泛用于酿酒和发面的酿酒酵母（Saccharomyces cerevisiae）是一种典型的单细胞生物。科学家发现，仅仅需要突变酵母的一个名为 ACE2 的基因，就能够让酵母分裂而不分离，形成雪花状的多细胞形态。当然，我们并没有任何证据证明我们的祖先也是这样从单细胞演变而来的，但是这个实验确实说明，单细胞到多细胞生物的演化并没有很高的门槛

一旦跨过单细胞与多细胞生物之间的门槛，带来的直接好处是显而易见的（当然，同样明显的还有它的坏处，这里就不多展开了）。一个非常直白的好处和"吃"与"被吃"有关。

是的，在地球生物圈里只有看似无聊的单细胞生物的时候，"吃"和"被吃"这两件事就已经出现了。就拿初中生物课上就已经提及的单细胞生

物——草履虫来说吧，它是一种（更准确地说是一类）两三百微米长、长得像一只草鞋鞋底的单细胞生物。这种长相怪异的单细胞生物靠细胞膜上密密麻麻的短毛划水游动，靠捕猎其他体形更小的单细胞生物过活。它们的食谱里包括细菌、绿藻和酵母。

一个自然而然的想法就是，如果复制－分裂后的细胞不再分开，而是始终粘连在一起，那么这样的生命体形会更大，相对而言也就不那么容易被吃掉了。而反过来似乎也说得通：在这种情形下，如果猎手还希望填饱肚子，那么它们自己也需要用同样的方法变大，因为只有变大以后才可以去吃体形更大的食物。

有趣的是，这正反两方面的例子都能找得到。拿前者来说，一个被反复研究的物种是小球藻（chlorella vulgaris）。这是一种古老而典型的单细胞生物，在水中随波逐流，自由生活，利用太阳光作为能量来源，通过细胞分裂的方式完成繁殖。但是如果在水中加入一种体形稍大、专门吃小球藻的鞭毛虫（ochromonas vallescia），那么仅仅需要一个月，繁殖10~20代的时间，小球藻就能迅速演化出多细胞形态。在这些多细胞小球藻体内，八个细胞紧紧依靠在一起，外面包裹了一层厚厚的细胞壁（见图5-3）。很明显，这种八细胞小球藻的尺寸大大超过了它们一贯畏惧的天敌鞭毛虫，可以逃过被吃的命运。

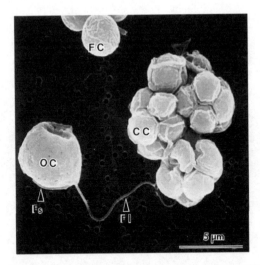

图 5-3 为了抵抗捕食者，演化出八细胞形态的小球藻。其中，FC 是一个普通的、单细胞形态的小球藻。OC 则是一个长着鞭毛的小球藻捕食者——鞭毛虫。可以看到，鞭毛虫的体形大于小球藻，可以捕捉并吞噬小球藻。在危险的环境中，小球藻快速演化出了八细胞形态 CC。现在，它对于鞭毛虫来说就成了无法下嘴的庞然大物

　　而反过来，作为捕食者的鞭毛虫居然也可以向多细胞形态演化。这个故事的主角是一类叫作领鞭毛虫（choanoflagellate，见图 5-4）的单细胞生物。这类看起来不起眼的水生生物，在演化史上却是整个动物界的近亲，和人类有着共同的祖先。作为介于单细胞和多细胞之间的物种，某些领鞭毛虫（例如 salpingoeca rosetta）能够自由游动，利用自己那根长长的可摆动的鞭毛游泳和觅食；而在某些情况下又可以自发形成多细胞聚集的结构。但是长期以来，人们并不知道这两种状态切换的原因是什么。

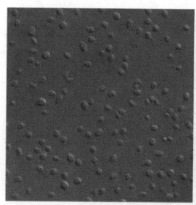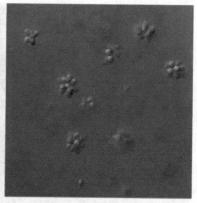

图 5-4　在单细胞形态（左）和多细胞形态（右）中自由切换的领鞭毛虫

直到 2005 年，醉心于研究领鞭毛虫的女科学家妮可·金（Nikole King）计划对领鞭毛虫进行全基因组测序，从而搞清楚这种微生物的细胞内究竟有多少基因，这些基因又是怎样决定这种小生命的变身秘密的。为了准备对领鞭毛虫样品进行基因组测序，她的学生在养殖领鞭毛虫的水缸里加了一堆抗生素，希望杀死混迹其中的各种细菌，准备"干净"的样品。结果，令人震惊的现象发生了，所有的多细胞态领鞭毛虫就像听到了解散口令，全部散伙变成了单细胞态的鞭毛虫。这个意外的发现提示了一种有趣的可能性：生活环境中的某种细菌才是让领鞭毛虫切换到多细胞状态的原因。因此，当抗生素杀死了这种未知的细菌时，多细胞领鞭毛虫就消失了。

金所领导的实验室经过进一步研究，还找到了引发这种变化的分子开关——一种细菌产生的磺酸脂。更妙的是，这种细菌恰恰就是领鞭毛虫的天然食物。因此，我们顺理成章地总结出以下的逻辑：领鞭毛虫的多细胞态很可能就是为了捕获细菌美食而存在的，这种大个的"吞噬者"形态会对小小的细菌形成泰山压顶的巨大优势。而如果食物不存在，这种笨拙的形态也就失去了生存优势，会被更加自由和灵活的单细胞状态所取代。

在这两个例子里，我们能够直觉感受到"吃"和"被吃"在多细胞生物这种称得上是最简单的"复杂生命"形成中的深远意义。实际上，确实有很多科学家猜测，早期的地球生物圈是和平的、稳定的，当然也是无趣的。那时候，原始海洋里遍布各种微小的单细胞生物，它们要么慵懒地漂浮在海洋表面，利用太阳光的能量驱动小小的生命，要么深藏在海底的热泉喷口。

多细胞生物的出现又一次加速了地球生命的发展。

最早的多细胞生物可能像我们的故事所言，仅仅具备尺寸上的优势，但是"吃"和"被吃"之间的白热化博弈就此拉开了序幕。捕食者变大了，那么食物可能只有游得更快，躲得更隐蔽，对环境变化更敏感，才活得下去；反过来，捕食者就需要更狡猾，更敏捷，更强有力。多细胞生物的出现，就像一根魔法棒搅动了原始海洋。在吃别人和被别人吃的激烈博弈中，生命才如火山迸发一样出现在这个地球上。

当然，也许单细胞到多细胞生物的转折仅仅是出于"吃货"的考量，但是在这一转折真正发生以后，接下来发生的事情就只能用令人叹为观止来形容了。生命的多细胞形态赋予了地球生命无穷无尽的可能性。

这一切的基础就是：分工。

分工：希望和代价

单细胞生物注定是多面手。至少，制造能量和自我复制就是两个必不可少的功能。因此，有些单细胞生物（例如蓝藻）能吸收和利用太阳能；有些单细胞生物（例如硫细菌）利用各式各样的化学能；还有些单细胞生物（例如草履虫和领鞭毛虫）干脆变成了微型捕食者，能够寻找和吞噬比它个头小的其他单细胞生物。而根据日常经验，多面手往往意味着哪方面都不是顶尖的高手，就像足球场上的万金油肯定成不了罗纳尔多，成不了齐达内，也做不成舒梅切尔。

多细胞生物的出现为精细分工和专精一业提供了无限的可能。如果多细胞生物不是简单地堆叠起一堆一模一样的单细胞，仅仅靠尺寸取胜，而是每个细胞都有点与众不同的功能会怎样？理论上说，一个三细胞生物就可以将自我复制、运动和获取能量的功能完全分开。如果它的一个细胞长出一条长长的鞭毛用来游泳，一个细胞长出柔软的嘴巴可以吞噬细菌，一个细胞专门负责不停地复制分裂以产生后代，这样它生存和繁衍的效率得提高多少？

当然，这仅仅是一种理论上的猜测而已。生物演化不是搭乐高玩具，暂且不说这种怪里怪气的三细胞生物会不会在自然史上出现，即便是出现了也不一定会有什么生存优势。但是多细胞分工的意义却是实实在在的。

一个很有说服力的案例是运动和生殖的平衡。对于一个单细胞生物来说，运动和生殖还真的就是鱼和熊掌不可兼得的两种能力，至少不能同时具备。这里的玄机在于，不管是生殖还是运动，本质上都需要将生物体储存的能量转换为力。在细胞分裂时，遗传物质的移动和分配需要力，鞭毛的摆动当然也需要力。而在两种看起来风马牛不相及的生命活动背后，产生具体作用力的基本生物学机器其实是通用的。

具体来说，一种叫作微管的蛋白质可以在细胞内组装长长的坚固的细丝。在细胞分裂的时候，长长的微管能够把两份一模一样的DNA分别牵引到细胞的两端，保证分裂出的后代都有一份珍贵的遗传物质，而负责游泳的长长的鞭毛也是由微管形成的。

这个一物二用的思路是非常自然的，在生物演化的历史上出现过许多次旧物新用的情景。毕竟，为已经存在的蛋白质安排一个新功能，要比演化出一个全新的蛋白质容易得多。但是一物二用也产生了鱼和熊掌不可兼得的矛盾，单细胞生物在游泳的时候就没办法分裂，在分裂的时候就不能觅食。可想而知，如果运动和生殖机能能够彻底分工，一部分细胞专门负责运动，另一部分专门负责生殖，这样一来，两种极端重要的生物学功能就不需要互相干扰了——当然，这一点只有在多细胞生物中才可以实现。

一种叫作团藻的多细胞生物非常生动地说明了运动和生殖分工的优势。这种非常原始的生物完美地诠释了"食色，性也"这句老话。每个多细胞团藻中有且仅有两种细胞形态——数万个个头较小、长着鞭毛的体细胞和十几个个头很大、没有鞭毛、专门负责复制和分裂的生殖细胞（见图5-5）。体细胞组成了一个大大的球体，数万根鞭毛的规律摆动让团藻可以在水中轻捷地运动，而被保护在内部的生殖细胞就可以毫不停歇地专心复制、分裂进行繁殖。

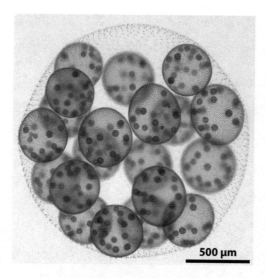

图 5-5 一个年轻的团藻个体。浅色的小点是团藻数以万计的、长着鞭毛的体细胞,负责运动;深绿色的大团则是埋在团藻球内部的少数藻胞,专司生殖。团藻是研究细胞最初分工的绝佳样本

当然,团藻的细胞分工是非常粗浅的,但是运动和生殖的分工却可能代表着地球生物演化历程中最基本也是最重要的一次分工。在团藻的身后,多细胞生物的组成单元被永久性地区分成了专门负责产生后代和专门负责维持生存的两种细胞(见图 5-6)。生殖细胞(也就是专门负责产生后代的细胞)从某种程度上依然保持着单细胞生物的本质。它们有机会永生不死,可以持久地分裂复制,按照自己的样子制造出一个又一个后代,它们的后代又依葫芦画瓢,继续自我复制和分裂。而除了生殖细胞之外,所有负责维持生存的细胞(也就是体细胞)都注定转瞬即逝。它们在诞生后只有至多一个生物世代的寿命。当一个多细胞生命死去的时候,它所携带的所有体细胞都会随之烟消云散。

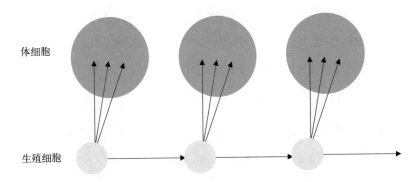

体细胞

生殖细胞

图 5-6　体细胞（红色）和生殖细胞（黄色）的分道扬镳

这场开始于十几亿年前的分道扬镳，产生了两个意义深长的结果——当然，这取决于你站在什么立场。

如果站在单个细胞的立场上，细胞分化可以看成是一种"阶级压迫"。我们说过，分工的代价是一部分细胞永生不死，而另一部分细胞永久性地丧失了繁殖的权利，只能在生命个体的短暂生存期内勤勉工作。这当然是一种巨大的不平等——如果体细胞也会有平等概念的话。从某种意义上说，分工对于生命本身的意义，是通过大量细胞自我"牺牲"实现的，是它们为永生不死的生殖细胞创造了生存空间。这种巨大的不平等当然蕴含着危机：万一突然出现一个不愿意牺牲的细胞怎么办？

举个看得见摸得着的例子吧。大家小时候可能都观察过蚂蚁。可能也都知道，一个蚂蚁群体里仅有一只雌性（也就是蚁后）可以繁殖后代，其他的雌性都是为了保障蚁后的生存而活着的：工蚁负责觅食和照顾蚁后的后代，兵蚁负责抵抗外敌入侵，等等。就像体细胞一样，工蚁和兵蚁也失去了繁殖的权利。当然，群体遗传学可以帮助我们解释这种奇怪的利他行为：工蚁和兵蚁的遗传物质和蚁后几乎一样，因此帮助蚁后繁殖就等于传递自身的遗传信息。但是我们从逻辑上可以做如下推测：如果有一只工蚁哪天突然意识到自己为蚁后服务是"不平等"的，是一种残忍的"牺牲"，自己完全可以寻找合适的交配伴侣直接产生后代，那么先不管这只工蚁能不能如愿以偿，至少它所在的那个蚂蚁社会很可能就此分崩离析。

最早的多细胞生物也面临同样的麻烦。当然，不管是细胞还是蚂蚁，它们都没有真正的能力去主动做出"选择"，但是遗传突变和自然选择可以起到同样的作用。还是以团藻为例，如果在某一个团藻体内，某个长着鞭毛的体细胞产生了一个遗传突变，让它重新具备了分裂繁殖和分离的能力，那么这个不安分的体细胞就会立刻在几万个勤勤恳恳游泳的体细胞中脱颖而出——只有它才有机会留下自己的直系后代。如果它的单细胞后代能够顺利存活，那么这个偶然出现的新的单细胞生命就可以反过来和那些多细胞状态的亲戚竞争，甚至打败它们。这样一来，多细胞生命就会重新退回到单细胞状态。

这可能是多细胞生物在演化史上独立出现了那么多次，但是其中的大多数都没有后代活到今天的原因。换句话说，作为伟大分工的代价，多细胞生物要面对一个永恒的难题：如何预防、压制和惩罚那些不愿意接受既定分工、特别希望重新拥有繁殖能力的细胞？

最能说明这个棘手问题的可能就是癌症了。癌症的源头，正是某些本该循规蹈矩地完成它的使命、帮助人体健康存活的体细胞，由于遗传突变，突然重新获得了疯狂自我复制进行繁殖的能力（见图 5-7）。当然，人体已经演化出了极强的纠正和惩罚这些不听话细胞的能力。大部分偶然的遗传突变能够被细胞自身修复，大部分已经开始不听话的癌变细胞也能被免疫系统找到并杀死。但是时不时仍会有一些细胞不惜以破坏整个生命体的健康乃至生命为代价，满足自身复制进行繁殖的本能。想想看吧，人类和所有动物的祖先早在十几亿年前就已经完成了体细胞和生殖细胞那次伟大的分道扬镳，从那时起，这种分工就被持续不断地完善和强化。但仍然有细胞会利用一切机会，抵抗和逃脱这亿万年演化形成的枷锁，顽固地表现出自我繁殖的本能。

图 5-7 人类大肠癌的样本。在大肠内壁上，部分细胞不受控制地生长，长出了一颗巨大的肉瘤。从某种意义上说，繁殖是所有细胞的本能。如果这一本能顽强地逃脱了身体（例如免疫系统）的管控，癌症就会出现

可以让我们稍微松一口气的是，发生在体细胞中的癌变，其影响力也是有限的，至多危害这个个体自身的健康和生命，不会真的造成整个多细胞生命谱系的崩塌。我们刚刚描述的不听话的团藻细胞，不太可能会在人体中出现。但是还真的有些癌细胞能够利用让人叹为观止的方法得到永生。

例如在犬科动物之间传播的一种肿瘤：犬类生殖器传染性肿瘤（canine transmissible venereal tumor）。人们早在 130 年前就发现了这种肿瘤。因为它的传染性，人们一直以为它就是一种病毒引起的肿瘤：狗狗之间交配导致了这种未知病毒的传播，而病毒感染能够让狗狗得癌症。但是人们最终发现，其实压根儿就没有什么未知病毒，癌症也不是由外源的病毒引起的。肿瘤传播的媒介就是肿瘤自己！这种肿瘤生长在狗的生殖器附近。在狗狗交配时，极少量的肿瘤细胞剥离脱落，在亲密接触中直接进入另一只狗的生殖器，进而附着、分裂、繁殖和传播。

这种肿瘤显然是狗自身的体细胞遗传突变形成的。据科学家推测，可能在几百到几千年前，一只狼或者东亚狗生殖器附近的某一个体细胞压抑不住繁殖的本能，一次偶然的遗传突变让它重新开始分裂繁殖。这个侥幸逃脱了免疫系统惩罚的"不听话"的细胞，从此获得了永生，而且随着犬科动物之间的交配让子孙后代遍布世界各个大陆，这显然是一种极其成功的生存策略。

从这个小小的例子中，我们大约能够又一次确信，包括人类在内的所有多细胞生物，与单个细胞顽强的生存和繁殖"意志"之间的战斗，将会永远继续下去。而这可能是所有复杂生命必须承担的代价。

从细胞分工到君临地球

当然，复杂生命"愿意"承担这样的高昂代价不是没有原因的。这就要说到第二种看待细胞分化的角度了。站在复杂生命自身的立场上，细胞分化的好处大到无法舍弃。历经数十亿年的演化，多细胞生物之所以仍然能够屹立不倒，没有被前面所说的沉重代价压垮，甚至还出现了地球人类这样开始尝试统治地球生物圈的智慧生命，肯定有简单的单细胞生命难以企及之处。

一言以蔽之，分工为地球生命更复杂的功能分化提供了基础。

体细胞永久性地失去了生殖能力，因此也就不需要担心为分裂增殖需要保持什么样的形态、合成什么样的蛋白质，或者维持多长的寿命。这给了它们足够的空间演化出花样繁多的形态和功能。我们的身体里有两百多种巧夺天工的细胞类型，它们之间的差异大到看起来都不像是同一种东西，但正是它们之间的精妙配合维持着我们的生存和繁衍。

还是举几个例子吧。大家可能都知道，弯弯曲曲的小肠是人体吸收营养物质最重要的器官。当营养物质经过小肠的时候，氨基酸、脂肪酸、葡萄糖等分子可以穿过小肠内壁的细胞进入身体的循环系统。因此，小肠内壁的细胞有两个独特的性质。首先，它们彼此间紧密连接，相邻的两个小肠上皮细胞（见图5-8）之间由大量的蛋白质"铆钉"紧紧绑定在一起，构成了小肠内容物和身体循环系统之间的屏障，阻止小肠内部的食物残渣和细菌进入人体。其次，小肠上皮细胞向内的一侧还长出了密密麻麻的突起，以增加和营养物质的接触面积，提高吸收营养物质的能力。

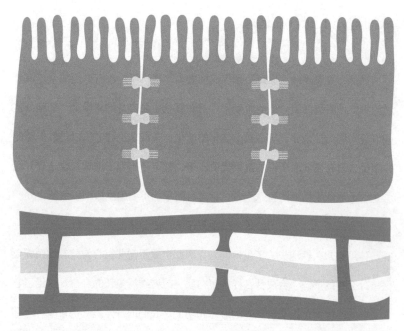

图 5-8 小肠上皮细胞的模式图。相邻的上皮细胞之间通过蛋白质 "铆钉" 形成了致密的连接，起到了屏障作用。而上皮细胞绒毛状的突起则增强了吸收营养物质的能力。可以想象，这种高度特化的细胞失去了分裂增殖的能力

　　根据这两个特性我们可以推测，小肠上皮细胞的分裂增殖不是一件简单的事情。如果上皮细胞随意分裂，小肠的屏障和吸收功能必然会受到影响。如果细胞沿着水平方向分裂增殖，那么在细胞分裂结束前后、紧密连接尚未形成时，就给了食物残渣和细菌入侵人体的可乘之机。而如果细胞沿着垂直方向分裂，那么分裂产生的子细胞就会远离小肠内部，根本没有接触和吸收营养物质的能力。

　　实际上的确如此。绝大多数小肠上皮细胞根本就没有繁殖能力，它们从出生的那刻起就不知疲倦地帮助人体吸收营养物质，直到四五天后细胞老化

或破损，彻底消失。而小肠上皮细胞的补充仅仅发生在小肠上皮的凹陷处被称为"肠隐窝"（crypt）的结构中。在这里，上皮干细胞能够活跃地分裂增殖出新生的上皮细胞，而这些新生细胞则立刻开始沿着小肠内壁向外迁移，以替换衰老死亡的上皮细胞。也就是说，即便是在小肠上皮这种看起来结构和功能都相对单一的系统里，也存在着不同细胞类型之间功能的取舍。为了更好地起到屏障和吸收营养的作用，绝大多数小肠上皮细胞也需要放弃自身分裂增殖的能力。

说到细胞功能分化，最极端的例子可能是红细胞。在包括人类在内的哺乳动物体内，红细胞干脆就没有细胞核和任何遗传物质，也就是说，从根本上放弃了繁殖的能力。实际上，新生的红细胞是有细胞核的，但是在它们离开骨髓进入血液前后，红细胞会挤出细胞核，变成大家熟悉的中心薄、周围厚的圆饼形状。抛弃细胞核的好处是显而易见的：这样一来，红细胞就留出了更多的空间装载血红蛋白分子，从而可以一次运输更多的氧气分子。与此同时，没有了细胞核的红细胞更加柔软，遇到狭窄的毛细血管时可以轻松地变形通过。对于每一个红细胞个体来说，它们付出的代价是彻底断了传宗接代的念想，只能在大约四个月的短暂寿命里机械地搬运氧气分子。对于红细胞所服务的哺乳动物个体而言，则借此机会获得了更充足的氧气供应和更高效的末梢循环系统，同时还顺便减少了红细胞癌变的风险。这些特性在漫长的演化史上，很可能会帮助哺乳动物跑得更快，活得更久，让它们的子孙后代遍布这个星球。

而伟大分工的辉煌顶点，可能就是人类的大脑和人类的智慧。

　　在地球人类的大脑里密布着高度特化的神经细胞。早在一百多年前，西班牙科学家圣地亚哥·拉蒙－卡哈尔（Santiago Ramón y Cajal）就利用光学显微镜观察到，人脑中遍布着形态各异的神经细胞（见图5-9），它们往往一边长着密密麻麻、状如树丛的突起，另一边伸展出一根长长的触须。卡哈尔敏锐地猜想，这些奇形怪状的细胞很可能发挥着信息传递的功能：那些树丛状的突起（他命名为"树突"）很可能用来接收来自其他神经细胞的信号，而那一根长长的触须（他命名为"轴突"）则很可能用来向更多的神经细胞发送信号。

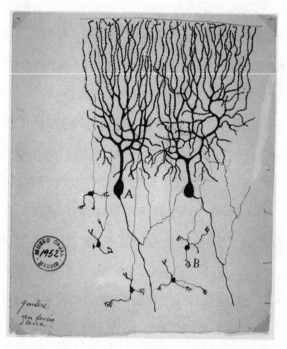

图5-9　卡哈尔绘制的鸽子小脑浦肯野细胞（A）。这种细胞有着密密麻麻的树突和长长的轴突

神经信号传递的本质在 20 世纪中叶逐步得到揭示：神经细胞的细胞膜上分布着数种奇特的蛋白质分子。这些蛋白质分子像闸门一样开合，改变了细胞内外带电离子的流动，从而产生了微弱的电信号。这种电信号可以沿着神经细胞的突起方向高速运动，实现信息的远距离输送。在人类大脑中，千亿数量级的神经细胞紧密缠绕，通过千万亿数量级的海量连接形成了密如蛛网的系统（见图 5-10）。我们可以想象，这些细胞电信号的强弱和频率，以及彼此之间的连接方式和相互影响，构成了一个巨大的计算网络，从中涌现出人类的感觉、情感、记忆和思想。

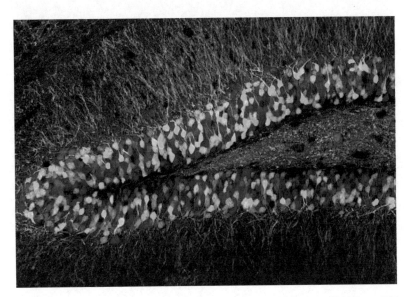

图 5-10 小鼠大脑海马区齿状回的神经细胞染色图。神经细胞被数种不同的荧光染料随机标记，呈现出花样繁多的色彩组合。这种名为"脑彩虹"的技术生动地展示了大脑的复杂和精细。我们有理由相信，高度复杂的神经网络正是人类智慧的本源

在接下来的章节里，我们会花更多的时间讲述人类智慧的生物学。在这里首先想要提醒大家注意的是，在绝大多数时间里，成熟的神经细胞都丧失了继续分裂增殖的能力。只有这样，神经细胞独特的形态、神经细胞的信号特征、神经细胞之间形成的计算网络才能够得到维持。也只有这样，我们才能牢牢记住我们是谁、住在哪里、前一天遇到过什么危险，我们才能积累知识，形成稳定的人格，组成复杂的团体和社会。

也就是说，亿万年前那次伟大的分道扬镳，不仅仅奠定了复杂生命的基础，而且开启了通向人类智慧的大门！

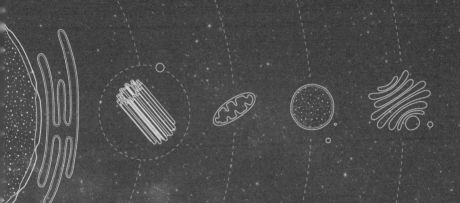

第6章

感觉：世界的模样

细胞的出现加速了自然选择，细胞的分化则催生了人类智慧。

我们总是喜欢带着点淡淡的优越感说，人类这种相对跑得不快、跳得不高、不怎么会游泳、力气也不大的生物能够君临地球生物圈，靠的是独一无二的人类智慧。但是，"智慧"到底是怎么一回事呢？

老实说，"智慧"这个词可能还是太过宏大和复杂了。到了今天，尽管绝大多数科学家和稍具科学知识的人们都会天然相信，像思考、学习回忆、喜怒哀乐、交友这样的智力活动，终极秘密都来自于我们独一无二的脑袋，但是我们还没有真的搞清楚这颗脑袋究竟是怎样决定我们丰富多彩的智慧的——而且距离真相还非常遥远。甚至还流传着这么一句带着点阴暗色彩的断言：如果我们人类的大脑真的那么简单，那么容易理解，那如此简单的一颗大脑根本就不可能做到理解自己！①

如果稍稍后退一步，我们或许可以把智慧简单理解成一种个体和环境互动的方式。首先是捕捉信息：通过感觉系统，我们看到花红柳绿，听到虎啸龙吟，触摸到爱人的肌肤，知道自己身处怎样的世界。然后是积累经验：我们从环境中发现新鲜事物，总结规律，学习知识和技巧，这些信息成为我们独特的经验和记忆，帮助我们更好地生存和繁衍。其次，还包括个体之间的互动：面对危险艰苦的大自然，人类的个体聚集成了社群和团体，形成了共同的文化，发展出了复杂的语言，这让我们在环境中更有力量。最后是每个个体对自我的认知：在群体中的每个人，仍旧是有着鲜明特点和自我意识的个体。独特的生物学背景、不同的成长经历和经验积累，让我们做出了独一

---

① If our brains were simple enough for us to understand them, we'd be so simple that we couldn't.

无二的行为选择。

不管是感觉还是学习，是社群还是自我，人类和环境互动的方式都异常复杂，但这并不意味着我们对人类大脑的工作原理一无所知。根据从灵魂论和活力论一路演变而来的经验和世界观，我们至少不用怀疑，大脑的工作原理再复杂难解，也必然是物质的，是符合逻辑的，是能够用科学方法探究的。

无论在 DNA 密码中、在细胞内部、在细胞和细胞的连接处，还是在身体的某个组织和器官里，在大脑神经细胞的细密连接中，我们都在缓慢接近人类智慧的物质本源。尽管征程尚远，但沿途仍然有无尽的美妙风景和英雄传说。

上帝说："要有光！"

毫无疑问，感知外部世界的能力是生命和环境互动的基础。就拿简单的细菌来说，依靠光吃饭的蓝藻需要知道光的方向和强弱，以化学物质为生的细菌需要找到化学物质"食物"所在的方位，特殊的趋磁细菌能够利用身体里的小磁铁感知地球磁场的方向。这些能力是它们生存所必需的。

而复杂生命对于环境的感知就更加丰富和精细了。我们都知道人类的五感：视觉、听觉、味觉、嗅觉和触觉。实际上，人类能感知的环境信息丰富多样，绝非区区五感所能概括。比如，除了五感之外，我们可以感知温度高低，感知干湿，感知疼痛和瘙痒，感知自己的身体位置（即本体感，我们闭上眼睛以后也可以用指尖准确地戳到鼻子，就是靠这种感觉），感知身体内在的需求（例如饥、渴、性欲），等等。这些复杂的感觉输入，在人类大脑中重新整合，构造出了一个虚拟但活色生香的世界。

正是因为感觉输入可以如此丰富多彩，才催生了一个著名的思想实验，反过来挑战客观世界的真实性。这个思想实验叫"缸中之脑"（见图 6-1）。哲学家希拉里·普特南（Hilary Putnam）在《理性，真理与历史》（Reason, Truth, and History）一书中阐述了一个假想：如果把一颗人脑放进一缸培养液里，然后借助超级计算机和各种复杂的电信号，通过神经系统向大脑输送各种虚拟的感觉信息，那么这颗大脑能否判断自己到底是在经历真实的物质世界，还是生活在虚拟现实中？或者反过来想象，我们到底能不能判断自己接触到的外在世界是真实存在的，还是一个更高级的文明为我们创造的虚拟现实？当然，缸中之脑问题的核心是对客观真实性的哲学思考。但是这个问题之所以能够存在，显然是因为对于智慧生命而言，感觉输入能够逼真和高效地采集环境信息，对智慧的产生有着无可替代的重要性。

图 6-1 缸中之脑

我们继续说感觉的工作原理。对于地球人类而言，在所有感觉中，视觉（也就是对光的感受）是我们与外部世界互动最重要的通道。在我们每天的日常生活中，超过90%的信息都是通过眼睛获取的。相比其他感觉，视觉提供的信息是最丰富的，自然界有很多物体没有气味，也有很多物体没有声音，但是几乎没有不发光或者不反射光的绝对黑体。不仅如此，视觉提供的信息可能是最精确的，在地球大气层中，光沿着几乎完美的直线传播，因此人类可以根据光的信息准确地判断物体的远近、大小和移动速度。无论对于人类而言，还是对于人类智慧而言，看得见都是至关重要的。

但我们到底是怎么看见的呢？

在古代世界，不管是东方的墨子，还是西方的毕达哥拉斯和欧几里得，都不约而同地思考过视觉的秘密，而且殊途同归地给出了一个非常符合直觉的答案。在他们看来，人类的眼睛可能会发射某种光芒或者火焰，这些火光照射到物体上之后，能产生某种可以被眼睛感知的信号，从而让我们产生视觉。毫无疑问，这种解释来源于日常经验。古代世界没有路灯和霓虹灯，古人肯定有举着火把夜行的经历。在黑暗的丛林里，熊熊火光照亮小路的场面一定让他们难以忘怀。将眼睛类比为火把，将视觉类比为火焰照亮道路，看起来是个很自然的推理。

但是，眼睛主动发射信号的理论会遇到许多逻辑上的难题。既然眼睛能主动发光，那么为什么人在黑暗中什么都看不到？如果眼睛真的可以照亮物体，那么当好多人盯着同一个东西看时，这个东西岂不是会变得更明亮？当然，人们可以继续修正这个理论来自圆其说。比如一个可能是，人眼发射的信号必须和物体天然发射或者反射的信号同时出现，这样人眼才能看到东西。但是一个打满补丁的理论实在是太反直觉了。因此，到了古罗马时代，托勒密在集大成的《光学》一书中正式放弃了这种探照灯式的眼睛模型。他提出，眼睛的功能应该仅仅是被动地接收光线。所以，只有那些发光或者反射光的物体，才能被人眼捕捉到。

人眼到底是怎么捕捉到光线的呢？如果仅仅从光学的角度来看，这个问题倒没有特别困难。人们很早就通过解剖人体和动物，知道眼睛前方有一块圆圆的、像放大镜一样中间厚周围薄的透明物质（就是我们今天所说的晶状体）。而放大镜能够聚焦光线则是托勒密时代已经知道的事情。那么眼睛模型看起来就很简单了：外部世界的光线进入眼睛，被放大镜形状的晶状体聚焦和翻转，投影到眼睛背后的一块小荧幕上，于是我们就能看到东西了（见图 6-2）。

但接下来我们才遇到了真正困难的问题。上面简单的模型其实并没有真正回答"我们怎么看到东西"的问题，它只不过是把这个棘手的问题从眼睛外挪到了脑袋里而已。因为，即便我们相信眼睛能够把来自外部世界的光忠实地投影到眼睛里面那块小荧幕上，我们仍然没有理解为什么当光线投射到那块荧幕上，我们就"看"到光了？为什么一幅图画投影到荧幕上，我们就"看"到图画了？这个"看"的过程是如何发生的呢？换句话说，小荧幕上的光和图画是怎么被我们的大脑知道的呢？

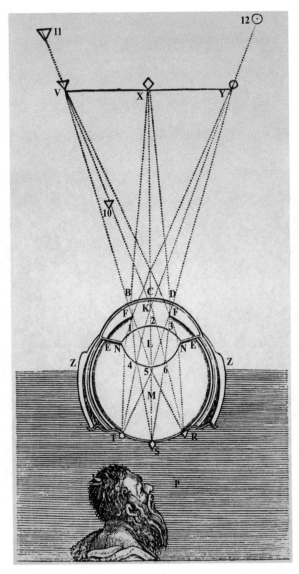

图6-2 笛卡儿绘制的眼睛光学模型。光线进入眼睛，被放大镜（晶状体）折射和聚焦后，在眼睛深处的小荧幕（视网膜）上呈现一幅倒立、缩小却完整无缺的图像，从而被人脑感觉到。当然，这个模型尽管接近真实，但是完全逃避了更基本的问题，也就是小荧幕上的那幅图像是怎么被人脑"感知"到的

我们一步一步来讨论这个问题。首要的问题是小荧幕自身是如何感知到光的。我们知道，这块小荧幕（视网膜）和人体的其他器官一样，也是由许多细胞组成的（见图6-3）。那么，问题就变成了这些组成视网膜的细胞是如何感知光线的。或者说，当外部世界的几个光子远道而来，经过放大镜的聚焦，击中视网膜上的某个细胞之后，这个细胞是怎么知道的呢？

图6-3 视网膜。在电子显微镜下可以看到，视网膜上密布着感光的细胞，特别是棒状的视杆细胞（绿色示意）和尖尖的视锥细胞（紫红色示意）。这些细胞上密布着能够吸收光的蛋白质，特别是视紫红质，从而将光信号转换成生物体能够感知到的化学信号和电信号

最初的线索来自 1877 年。在罗马养病的德国科学家弗朗兹·鲍尔（Franz Boll）发现，新鲜解剖出来的青蛙视网膜在日光下呈现出鲜艳无比的红色，但是很快就会褪色变黄，最终变得无色透明。起初鲍尔认为，这种变色现象也许是因为解剖出的视网膜在培养皿里死亡变质了。但是他很快发现，如果把青蛙在强光下饲养一段时间，那么新鲜解剖出的视网膜从一开始就是无色透明的；而如果把已经褪色的视网膜在黑暗中放一段时间，它会重新变成红色。因此，视网膜中肯定有一种红色的物质，它能够吸收光从而褪色，也能够在黑暗中恢复颜色。鲍尔大胆地猜测，也许视网膜就是靠这种红色－无色－红色的反复循环来感受光的。这种能够变色的物质也许就是我们身体里的光线接收器，它从红色变成无色，我们就知道"光来了"。

不幸的是，体弱多病的鲍尔在做出这个伟大猜测之后，不久就因肺结核去世。他死时刚满 30 岁，还没有来得及继续探索和验证他的猜测。他的发现和猜测很快就被另一位德国科学家威利·库恩尼（Willy Kuhne）接受和延续下去。从 1878 年到 1882 年，库恩尼几乎是马不停蹄地继续挖掘着鲍尔的发现，他从大量的青蛙视网膜中成功提取出了这种有颜色的物质，并把它命名为视紫红质（rhodopsin，见图 6-4）。库恩尼还证明，就像鲍尔提示的那样，纯净的视紫红质分子能够在光照和黑暗下反复呈现有色－无色－有色的循环。更重要的是，库恩尼还发现，当视网膜接受光线照射时，会产生微弱但清晰的电流变化。基于这些发现，库恩尼宣称，这种鲜艳的蛋白质就是视觉秘密的核心！他认为，这种物质通过自身的某种未知的化学变化（有色变无色），将外在世界的信号（光线）变成了一种能够被我们的大脑感知的信号（电流）。

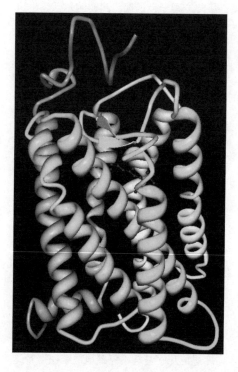

图6-4 视紫红质蛋白的三维晶体结构。我们的眼睛之所以能看到不同的颜色，其实是视紫红质的贡献。人的视网膜里有三种稍微有些不同的视紫红质蛋白，分别对黄光、绿光和紫光最敏感。值得一提的是，纯净的视紫红质呈现紫色，而当它出现在视网膜细胞中时，看起来更像红色，也就是鲍尔最早看到的那种颜色

即便用最挑剔的眼光来看，这个假说依然正确得不可思议。当然，今天我们知道，视觉信息的采集和处理是一系列异常复杂的电化学反应，视紫红质的变色仅仅是最开始的一小步。但是这最早的一步，恰恰是联结外界环境（光线）和我们身体（视网膜细胞）的关键一步。正是从这里开始，我们的大脑将外界环境转换成了某种大脑可以接收和处理的信号，从而在复杂的神经网络中重组出丰富多彩的视觉世界。

之后，美国科学家乔治·沃德（George Wald）进一步深化了鲍尔和库恩尼的假说。他发现，视紫红质能够和一个小小的名为视黄醛的色素分子结合，从而呈现出妖艳的紫色。在光线照射下，两者分离，失去颜色的视紫红质随即在视网膜细胞中产生了电信号。

沃德发现的这个化学反应提示了视觉的源头。尽管在演化史上，眼睛这个构造反复独立出现过很多次，但是所有动物的感光元件都是从同一个视紫红质祖先那里变化而来的。顺便说一句，视黄醛来源于维生素 A，因此当人体缺乏维生素 A 时，感光能力会急剧下降，从而导致夜盲症。

从"要有光"到"我看见了"

鲍尔、库恩尼和沃德的发现揭示了人眼感光的原理。但是我们必须声明，从感受"光"到真的"看见东西"，还有非常遥远的距离。蓝藻和草履虫这样的单细胞生物同样具有感受光线的能力，但感受光以后能做的事情是很有限的，仅仅可以帮助生物确定光源的位置和距离。对于希望探索大千世界的智慧生命来说，这点信息量是远远不够的。我们不仅需要看到光，还需要知道光线的强弱、方向和性状，才能看清楚猎物的多少、天敌的远近、前进的道路和书上的文字。

那么，简单的光信号究竟是如何带给我们关于色彩、形状、远近等复杂的视觉信息的呢？

　　这个问题的意义甚至远远超过视觉本身。它的核心在于，利用一大堆简单的感觉输入（比如是否有光、哪里有光、光强弱如何），我们的大脑是如何加以整合和处理，把它们变成人脑可以识别和处理的复杂环境信息的（见图6-5）。从某种程度上说，我们的视网膜细胞本质上相当于千万个草履虫细胞，每个都能像草履虫一样检测光线是否存在。我们同样可以把这些细胞的功能类比成数码相机的像素，每个像素都有一个独一无二的位置（多少行多少列），每个像素的唯一功能就是检测这个位置有没有光、光强弱如何。但是，当我们的大脑收获了来自无数只草履虫或者无数个像素点产生的光信息之后，又是如何从中总结归纳出一幅生动的图画的呢？

图6-5 一个视觉信息处理的经典例子。中心正方形的轮廓线并没有被直接描画出来，但是人眼能够立刻从背景中识别出一个白色的正方形。这说明视觉信息的处理绝非简单地感受物体发射或者反射的"光线"，而是存在复杂的后期信号处理，从而产生了原本并不存在的视觉"信息"

　　时间快进到1958年，两个30出头的科学家无意间得到了开启视觉大门的钥匙。

那一年的年初，大卫·休伯（David Hubel）和图斯坦·威瑟（Torsten Wiesel，见图 6-6）在美国约翰霍普金斯大学的校园里相识了。在他们的导师斯蒂芬·库福勒（Stephen Kuffler，视网膜研究的大师）的建议下，两个年轻人跳过了视网膜，直接把目光投向了视觉信号的最终处理和输出场所——大脑。

图 6-6 图斯坦·威瑟（左）和大卫·休伯（右），1981 年诺贝尔生理学或医学奖得主，也可能是整个生物学史上最成功的一对搭档。两人从 1958 年开始合作，当年就有了里程碑式的发现，并在此后的 20 年里，几乎完全依靠两人之力完成了人类对视觉系统的开创性工作。当然，也有传言说，两人在 1958 年就已经清楚地意识到了这项发现的意义，因此有意识地排除了其他所有合作者，单枪匹马地工作，以确保诺贝尔奖的两个席位

他们的做法其实并不新奇，相反还似乎有点愚蠢。在他们开始工作之前，他们的老师库福勒已经领风气之先，用微型电极仔细记录和研究了视网膜细胞对光线的反应，总结出了视网膜细胞感受光线的规律。库福勒曾有一

个特别重要的发现：每一个视网膜感光细胞都只对屏幕上特定位置的小光斑有反应。这句话说起来简单，但是实际上说明了视网膜细胞的工作原理。和数码相机的每个像素点一样，每个视网膜细胞的感光反应实际上已经包含了光线的位置信息。

休伯和威瑟自然希望依葫芦画瓢，用微型电极记录动物大脑细胞的电信号（见图 6-7），看看能否在大脑中找到视觉信息处理的某些规律。两个年轻人的实验系统也很简单。他们把可怜的猫麻醉后固定好，在猫的眼前放一台老式幻灯机，然后更换各种幻灯片给猫看。每张黑色的幻灯片上用针挖出形状位置大小不同的小孔，于是穿过黑色幻灯片，各种稀奇古怪形状的光斑就照射到了猫的眼睛里。

图 6-7 用微型电极记录猫的大脑细胞的电信号。本图省略了休伯和威瑟使用的较为原始的幻灯机

但是问题在于，视网膜细胞本来就是为感光准备的，大批的细胞能够在光照下产生电信号，要做微型电极记录非常容易，把细细的玻璃管扎进去

几乎一扎一个准儿，总能很快找到确实能感光的细胞来做研究，记录它产生的电信号。但大脑里的细胞总数大了几个数量级，而且绝大多数并不是为处理视觉信号准备的。要在这么多细胞里找出一个碰巧能对光信号有反应的细胞，简直像大海捞针一样困难。可以想象，两个年轻人在漫长的反复尝试之后，当终于用微型电极在猫的脑袋里扎到这样一个细胞的时候，是多么兴奋。每一次好运来临的时候，他们都会紧紧抓着这根救命稻草不放，变着法子给出各种各样匪夷所思的光刺激，大的光斑、小的光斑，左边的光、右边的光，强的、弱的，一个、两个、开灯、关灯……他们试图从这个撞上枪口的细胞的反应中，找到大脑处理视觉信息的渺茫线索。

但是，在一连几个月的实验中，休伯和威瑟都处于一种不知如何是好的迷茫状态中。反复尝试下，他们确实找到了一些对光斑有反应的大脑细胞。但是和他们的老师库福勒不同，这些细胞在他们手里从来没有呈现出什么清晰的反应规律。就算是对光斑有反应，也往往是不强不弱。不管两人怎么改变光斑的位置、大小和强弱，神经信号的变化都若有若无，让人摸不着头脑。在照搬老师研究思路的时候，难道是他们弄错或者忽略了什么？还是大脑处理视觉信息的规律太复杂，用同样的方法根本不奏效？

这样的鸡肋状态持续了几个月，终于在某个疲惫的午夜结束了。当时，休伯和威瑟正在机械地用微型电极一个个细胞地扎着，一个个光斑地照着。突然之间，屏幕上的波纹开始变得杂乱而暴躁，这个细胞像机关枪一样开始乒乒乓乓地产生电信号了！两人兴奋地一跃而起，睡意全无，但是仔细一看幻灯片，却没有发现什么稀奇，仅仅是黑色背景下的一个小光斑，这样的刺激已经给了不知道多少次了，从来没有出现过这样剧烈的反应。接下来，更沮丧的事情发生了：他们把幻灯片拔出来再插上，机关枪一样的电信号居然消失了，什么都没剩下，刚才的一幕就像只是他们做的一个短暂的美梦。

确认了彼此刚才都没有做梦的休伯和威瑟回过头来重新琢磨刚才发生了什么。如此剧烈的神经电信号，肯定不是毫无意义的噪声。两个人也没有不小心碰到不该碰的仪器和电线。那么，这个信号肯定来自于那个被电极扎上的神经细胞，来自刚才那片看起来平淡无奇的幻灯片。于是，就像我们修电脑一样，两位来劲儿的年轻人开始继续折磨这个神经细胞，继续折磨起这片幻灯片来：拔、插，插、拔，换个方向，吹口气儿……最后他们发现，原因是这样的：第一次照光的时候，他们一不小心没有插好幻灯片，幻灯片没有完全卡到卡槽里去。结果，幻灯片和卡槽的边缘漏出了一条细细的光线，恰好投射到了猫的眼睛上，是这条无意间出现的光线导致了机关枪一样的电信号！

也就是说，大脑可能其实并不像视网膜那样直接感受光斑光点，而是感受光斑组成的"光条"？

果真如此。在随后的几个月里，从这个偶然的意外发现出发，休伯和威瑟确认，很多大脑细胞对光点和光斑并没有特别的反应，反而会对某种角度的长方形光条反应强烈（见图 6-8）。有的细胞只会对水平放置的光条有反应，有的细胞偏爱垂直的，有的细胞干脆喜欢 45 度角倾斜的。

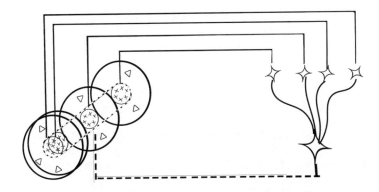

图6-8 休伯和威瑟记录到的大脑细胞。这个细胞仅仅会对一个倾斜的光条敏感（左），而对其他方向的光条没有反应。一个简单的解释就是，这个细胞能够同时接收来自数个视网膜细胞的信号，而这几个视网膜细胞恰好排列成倾斜的直线，因此一个如此朝向的光条，能够同时刺激到这几个细胞，产生最强的信号

这个听起来如此简单的发现，却标志着我们对人类感觉系统的理解从"要有光"正式迈进了"看见图案"的时代。显然，大脑细胞不像视网膜细胞那样仅仅是简单地检测到底有没有光，而是对感觉信号进行了一定程度的处理和整合。大脑细胞必须具备一种能力，在接收了一大堆密密麻麻杂乱无章的光信号之后，能通过分析它们彼此间的位置信息，知道现在"看见"的是一个有着特定倾斜角度的物体。如果理解了这种能力，我们就真的站到理解感觉的大门口了。

对此，休伯和威瑟给出了一个简单的模型，成功解释了并不能直接"看到光"的大脑细胞是怎么判断朝向和"看见图案"的。

下面我们打个形象的比方来说明这个模型。假设一条毛毛虫突然出现在我们的视野里，毛毛虫的身体分为头、肚子和尾巴三节，每一节都亮闪闪地发着光。在休伯和威瑟的猜测中，我们的大脑是这样看见毛毛虫的：

首先，在我们的视网膜上有三个细胞同时检测到了分别来自毛毛虫头、肚子和尾巴的光——我们姑且命名它们为视网膜"头"细胞、"肚子"细胞和"尾巴"细胞吧。这一步是怎么发生的我们已经知道了：鲍尔、库恩尼和沃德的工作让我们知道了毛毛虫的光进入眼睛后会被视网膜转换成电信号，库福勒的工作让我们知道了不同位置的视网膜细胞能够接收来自不同位置的光线。因此，视网膜上应该会有那么三个细胞，它们的位置恰好能接收到来自毛毛虫从头到尾的三束光线。

之后呢？

休伯和威瑟猜测，这三个特殊的视网膜细胞同时把电信号传递给了大脑中的同一个细胞——我们就叫它大脑"毛毛虫"细胞好了。这个"毛毛虫"细胞藏在大脑深处，自己并不直接感光，但是它有一个神奇的特性：当它同时接收到来自视网膜"头"细胞、"肚子"细胞和"尾巴"细胞的三个电信号时，它就会被激发起来，产生一个新的电信号。而这个电信号的含义，就是我们的大脑意识到了毛毛虫的出现！

休伯和威瑟的发现和分析第一次揭示了大脑是如何从简单的光信号中整理出复杂有意义的视觉信息的。基于这个简单的原理，我们可以展开无穷无尽的想象和推理。既然视网膜上的光点信号被汇合一次就能产生关于朝向的信息，那么方向的信息再汇合一次，应该就能产生形状的信息。形状再叠加色彩，就能形成对五彩世界的基本感知。要是两个眼球看到的东西稍有不同，叠加起来就能告诉我们物体的远近……这样一来，仅仅能够感受光点的视网膜细胞，最终在大脑中构造出充满各种细节的、丰富的视觉世界。

从信号到信息，从视觉到全部世界

关于视觉的研究，也可以帮助我们想象和理解其他感觉系统是如何收集和处理信息的。

比如，在嗅觉和味觉的世界里，鼻子和舌头所采集的信号本质上都是化学物质。来自外在环境的化学物质，结合在特殊的化学感受器上，就会像光照射在视紫红质蛋白上一样产生电信号，从而将环境信息转换成某种生物体可以识别的信息。在我们人类的鼻腔里，有多达 800 个化学感受器，它们能够结合和识别各种各样的化学分子，从而产生我们对气味的第一层认知。

再进一步，和视觉信息整理的原则类似，在现实世界中，许多天然气味并不是单一的化学物质，而是由各种化学物质混合产生的。比如香水中平均有几十种化学物质，这些化学物质同时到达我们的鼻腔，被许许多多个化学感受器同时发现，由此产生的神经信号在大脑中不断汇聚合流，相互整合，最终形成了我们对于某种气味的"信息"。读者应该都有经验，很多时候气味是一种难以言说的微妙感受，一捧鲜花、一杯手工过滤的咖啡、一盘刚出锅的家乡菜……其中的微妙气味实际上是许多简单信号相互叠加的结果。

同样，在听觉和触觉世界里，人体最初感知到的是声波震动空气或者物体接触皮肤所带来的物理刺激。这些机械刺激能够拉伸神经细胞表面的细胞膜，像鼓槌敲动鼓面那样引发鼓面的震动。这些不同强度、不同频率、不同位置的机械刺激会被不同的感觉细胞采集到，最终在大脑中整合成为巴赫节律严谨的哥德堡变奏，或者爱人柔情蜜语的抚慰。这背后的运算逻辑同样可以从休伯和威瑟的研究中得到启发。

我们还可以进行更大胆的猜测，那些人脑无法获取和利用的信息，也许能够被其他生物体所利用，产生人类完全无法想象的美妙感知。

这样的例子即便在地球生物圈也并不罕见。

很多动物可以接收到人类感知能力之外的信号。例如，人耳能够采集到振动频率在二十赫兹到两万赫兹的声音，而蝙蝠可以听到频率达到十几万赫兹的超声波。蝙蝠的听觉世界一定比我们嘈杂热闹得多，如果蝙蝠也有音乐家，那它们的交响乐将有着人类无法比拟的丰富音色。再比如，依靠三种稍微不同的视紫红质蛋白，人的眼睛能够识别三种基本颜色（黄、绿、紫），三种色彩的组合让人的眼睛能区分多达一千万种色彩，这构成了我们能看到的五彩斑斓的视觉世界。而蝴蝶能够感知五种不同的基本颜色，简单计算可知，蝴蝶应该有能力区分一百亿种颜色！如果蝴蝶能做画家，那它们画笔下的世界一定有着人类不可言说的美妙色彩。

有些地球生物还发展出了人类根本无法想象和理解的感觉。例如，蜜蜂、蚂蚁和鸽子能够检测到极其微弱的地球磁场方向，利用地磁场来引导行动；有些鱼类能够感受到周围电场的微弱变化，利用这些信号来搜索、捕食和迁徙；许多鸟类能够利用星光或地磁场导航，飞行在没有任何地面标志物的茫茫大海上，进行数千千米乃至上万千米的迁徙。

但是我们可以大胆地估计，不管这些感知外在世界的方式在人类看来是多么不可思议，地球生命收集感觉信号、处理感觉信息的基本原则，仍然是可以被我们理解的。

让我们再次回顾一下视觉的研究发现。依靠从鲍尔、库恩尼到沃德，从库福勒到休伯和威瑟的研究，我们可以猜测，视觉系统的工作原则也许是一套放之四海皆准的原理。它至少在结构上可以很容易地在神经系统里实现——需要的仅仅是一种特殊的、多个神经细胞输入给单个神经细胞的连接方式，而这一方式在我们的大脑里比比皆是。同样，在信息流动和处理的角度上，我们需要的也仅仅是并不复杂的逻辑运算规则，比如"头"细胞、"肚子"细胞、"尾巴"细胞一定要同时感光，才能激发"毛毛虫"细胞。

实际上，我们正是因此获得了理解感觉系统乃至人类智慧的信心。我们期待着某一天，那些看起来无比复杂和神秘的人类意识活动都能够用简单的运算规则彻底地解释。

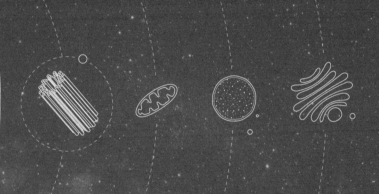

第7章

学习和记忆：应对多变世界

感觉系统的出现让地球生命第一次"睁眼看世界"。从此，地球生命才真正拥有了和地球环境交流互动的本钱。

但是新的问题又来了：地球环境从来不是一成不变的。就算暂且抛开演化尺度上的沧海桑田、人间巨变，只关注任何一个地球生命体的短暂一生，变化仍然无处不在。

昨天空荡荡的草地上突然掉下了一颗熟透的苹果，飞虫嗡嗡地吵嚷着扑过去大快朵颐，而苹果连同小飞虫都成了不远处一只站在树梢上的乌鸦的美餐。非洲草原上一只巨象轰然倒地，在炎热的阳光下，尸体很快开始腐烂发臭，从它身体的无数缝隙里流出暗绿色的黏稠液体，无数看不见的微小细菌在液体里贪婪地吞咽和生长。月明星稀的深夜，一只饿急了的田鼠爬出洞穴，迫不及待地奔向前方散落的几枚橡果，但是在下一瞬间它又悻悻地掉头返回，因为它感觉到头顶传来了伯劳尖锐的叫声。

而在更大的时空尺度上，偌大的地球忠实地围绕太阳一路狂奔，周而复始，在这条 9.4 亿千米长的征途上，每过 86 400 秒，太阳会再次高挂天顶照亮大地。就这样，地球有了四季变迁，有了风霜雨雪，有了白天黑夜，也有了永远的生机勃勃，变化万千。

地球生命如何应对这永恒的变化？

刺激-反射：一个极简主义者的大脑

一个简单的思路是"随机应变"，或者我们可以叫它刺激 – 反射。

这种应对模式有点像计算机程序语言里的 if then else 语句（见图 7-1）。通过预先设置一个简单的逻辑，就可以事先在生命体内部规定好所有的反射程式：对于小飞虫来说，如果（if）前方出现了强烈的腐败水果气味，那就（then）径直飞过去寻找食物，否则（else）就原地待着不动。对于大象体内的细菌来说，如果（if）环境中有机物的含量猛增，那就（then）启动蛋白质合成和分裂繁殖程序，否则（else）就蛰伏起来不吃不动。对于夜晚觅食的田鼠来说，如果（if）看到了橡果，那就（then）出洞搬运……这套程序简单粗暴，在生物学上实现起来也相对容易。原则上只需要一个特定的感觉神经细胞用来接收环境刺激，连接上一个特定运动神经细胞用来控制肌肉的舒张和收缩，就可以实现刺激－反射模式的随机应变。

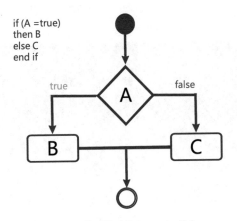

图 7-1 计算机科学中的 if then else 模式

在海兔的身体里，人们就找到了这样非常简单的刺激－反射模式。海兔是一类巨大的深海蜗牛（见图 7-2），生活在大洋底部，本身和兔子毫无血缘关系。但是它长了一对大大的触角，样子很像兔子的长耳朵，所以才得到这么一个有趣的名字。和其他软体动物一样，海兔利用鳃呼吸。它的纤毛能够驱赶水流进入身体内的水管，随后不停地流过鳃部，海兔就能借此获得氧气。可想而知，把自己的鳃保护好，对海兔来说是健康和生存的头等大事。如果海兔的皮肤突然遭到来自洋流或者天敌的冲击，它就会迅速把鳃紧紧地包裹起来。

从逻辑上推演一下的话，海兔这种防御性的反应最少需要两个细胞参与：探测机械刺激的感觉神经细胞和控制鳃收缩的运动神经细胞。二者彼此相连，前者能够向后者传输电信号和化学信号。一个简单的工作模式就是：如果（if）感觉神经细胞被刺激和激活，那么（then）通过两者之间的连接，运动神经细胞也会被激活，从而产生鳃收缩的反射。

图 7-2　海兔

兵来将挡，水来土掩，简单的刺激－反射模式可以很完美地应对地球环境的变化。而且这种模式有一个很大的好处，就是可以事先准备好预案，不至于临时抱佛脚。昆虫羽化后就会飞行、逃跑、取食和求偶；哺乳动物的幼崽一出生就会吮吸奶头，感觉到饿了或者冷了就会哇哇大哭。这一切都不需要学习，动物身体内携带的遗传物质，会在动物出生前就准备好所需要的神经细胞和彼此间的连接模式。

在我们每个人的身体里，简单的刺激－反射模式也随处可见：风沙吹过来，我们会自动闭眼；小锤敲击膝盖，小腿会自动抬起（见图7-3）；光照亮眼睛，瞳孔会自动收缩。其实靠的都是这种反应模式。实际上，今天很多低端机器人的运行模式也不外乎于此。如果你家有扫地机器人，不妨观摩一下它如果碰到桌角是怎么反应的。

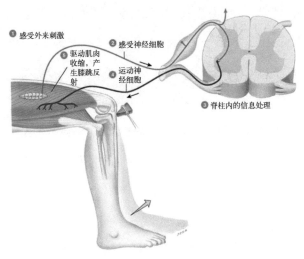

图7-3 膝跳反射。用小锤轻轻敲击膝盖下方，小腿就会自动向前踢。这个反射和海兔的缩腮反射一样，也只需要两个神经细胞的参与

但是这个模式有两个非常底层的局限。

一个局限是盲目性。在这种模式中，再多次的重复也无法变成能够积累的经验。哪怕每次遇到一模一样的刺激，生物体也都只能机械重复一模一样的反应。换句话说，反射错了，它做不到吃一堑长一智；反射对了，它也不会总结成功经验。对这只动物来说，整个客观世界永远是一个无法被认知、熟悉和理解的黑箱。

另一个局限是有限性。依靠遗传信息能储存的模式总归是有限的，而且如果一个刺激－反射模式在现实生活中没有用处，演化会很快将它淘汰掉。此外，只会刺激－反射的动物不可能从无到有地发明和掌握文字，一个只知道刺激－反射的扫地机器人也不可能自己学会拖地和清理餐桌。

仅凭日常经验，我们就知道这种模式无法解释我们人类的生活。

我们会"习惯"：再芬芳、再恶臭的东西，闻久了我们也会麻木，会觉得无所谓。我们会"联系"（哪怕很多时候这种联系显得非常不理性）：昨天穿了件红色披风，出门遇到了意外，以后这件衣服大概要永远被束之高阁；昨天用剪刀的时候不小心戳了手，可能好几天看到剪刀都会心有余悸。我们还会读书识字，会演算方程，能在想象里编织一个根本不存在的世界。这一切能力，用刺激－反射模式都无法解释。对于复杂智慧生命来说，学习是生存发展的必需技能。

那么，学习到底是什么？

这个看起来查查字典就能解决的问题，事实上是个经过巧妙伪装的逻辑陷阱。尽管人们在哲学层面对何谓学习已经提出过（可能是太多种）解释，但是这些讨论始终在问题的外围打转。在生物学上，真正的核心问题在于，人类学习的本领到底是从何而来的？在学习的过程中，我们的身体（特别是我们的大脑）到底发生了什么？它体现为一种可描述的物质变化，还是一种纯粹精神性、灵魂层面的变化？它是人类独有的能力，还是所有地球生物或者至少地球动物都具备的？如果别的动物也具备，那么我们该用什么办法去证明它、描述它（毕竟动物无法直接告诉我们它们的经历和感受）？

这些问题其实彼此紧密相连。如果学习能力不可客观描述，或者只有人类具备，那这种能力将在很大程度上成为不可触碰、无法了解的永恒秘密。原因很简单，我们没法在活人身上动刀子做实验，提取分离纯化出一种叫作"学习"的物质来。而学习能力的生长发育、学习能力的演化和学习能力本身，其实也可能说的是同一件事——它们背后，一定有某种体现"经验"的东西发生了变化。找到这种变化，就能解释学习，也能解释学习能力的由来。

单身派对定律

在20世纪初，两条看似毫不相关的线索彼此独立地浮现，把人类引向了探究学习问题的正确道路。

第一条线索来自寒冷的俄罗斯，来自冰天雪地的圣彼得堡，一位留着俄罗斯传统大胡子的中年男人，伊万·巴甫洛夫（Ivan Pavlov）。

巴甫洛夫的研究领域原本是消化系统——从胃液的分泌到胰腺的功能，

但是一个偶然的发现把他引上了完全不同的研究方向。为了研究消化系统的功能，巴甫洛夫设计了一套精密的记录系统来研究狗的唾液分泌是怎么调节的。毫无疑问，唾液分泌的调节也是消化系统的重要问题。他分析发现，当饲养员把装满狗粮的盆子端给小狗的时候，狗的唾液就会开始大量分泌。当然，这个现象本身倒是毫不稀奇。从日常经验出发我们也知道，食物的香气足以让我们食指大动、口水横流。

但是巴甫洛夫随后发现了一个奇怪的现象。当饲养员端着盆子、刚刚打开实验室的门的时候，狗的唾液就已经开始大量分泌了。这时候按说狗根本还看不见饲养员，看不见盆子，也闻不到狗粮的味道呢。巴甫洛夫甚至发现，就算找个毫不相关的陌生人，就仅仅开一下门，开门的声响就足够让狗流口水了！

有了本章开头处的思维铺垫，我们很容易意识到，发生在狗身上的现象本质上就是一种学习。这条狗一定是通过许多天的观察，总结出开门声和饲养员、食物盆子以及美味狗粮的出现存在某种神秘但相当顽固的联系。因此对于它来说，听到开门声，就会自动启动一系列与吃饭相关的程序，包括流口水。

虽然没有我们已经具备的背景知识，但是，天才的巴甫洛夫产生的想法几乎一模一样。他借用这个偶然发现，设计了一整套精巧的实验（见图7-4），并最终证明了动物也存在可靠的学习能力，而且更重要的是，这种能力的确能够被精密地记录和研究。他发现，如果单纯对着小狗摇铃铛，狗是不会分泌唾液的。但是如果每次端狗粮来的时候都摇铃铛，或者在要喂狗粮前先摇铃作为提醒，那么只需要几次练习，小狗就能学到铃铛声和美味饭菜之间的联系。证据就是，仅仅摇几下铃铛，小狗的口水就会四处横流！

图7-4 巴甫洛夫实验

就这样，"巴甫洛夫的狗"从此就成了一个专有名词进入了人类科学的殿堂。这个非常简单但精确有力的实验，第一次把原本属于哲学讨论范畴的人类学习，还原到了可以观察描述、深入解剖的动物行为层次。巴甫洛夫的狗流着口水告诉我们，只要我们能找到在几次训练前后它身体里到底发生了什么变化，我们就能揭示学习的秘密。

可到底是什么变化呢？

第二条线索在最合适的时间浮现了出来。

差不多在巴甫洛夫在冰天雪地里折腾小狗的同时，在四季如春的西班牙，一位和巴甫洛夫年龄相仿、性格也类似的科学家——圣地亚哥·拉蒙 -

卡哈尔——已经第一时间提示了答案。

这位科学家的大名我们在前面已经提及。你可能还记得，卡哈尔的研究看起来和巴甫洛夫的风马牛不相及。巴甫洛夫的研究对象是活生生的大狗，而卡哈尔终日对着的是显微镜下细若游丝的神经纤维。通过观察和绘制成百上千的显微图片（如今许多图片仍然在生物学教科书、演讲和科普作品里被重复展示），卡哈尔意识到，动物和人类的大脑一样，层层叠叠堆砌着数以百亿计的细小神经细胞。这些神经细胞和人们惯常看到的细胞不太一样，往往不是浑圆规整的形状，而是从圆圆的细胞体那里伸出不规则的突起，有的层层伸展如树杈，有的长长延伸像章鱼的触手（见图7-5）。

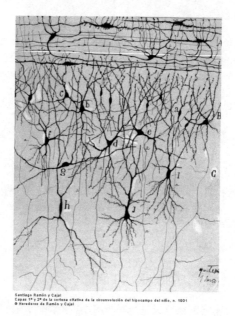

Santiago Ramón y Cajal
Capas 1ª y 2ª de la corteza olfativa de la circunvolución del hipocampo del niño, n. 1901
© Herederos de Ramón y Cajal

图7-5　卡哈尔绘制的人脑海马体区域的神经细胞图（字母标识了一个个神经细胞，特别要注意它们长长的树杈和触手）

在卡哈尔看来，这些长相怪异的神经细胞正是靠这些突起彼此联系在一起的，形成了一张异常复杂的三维信号网络。在人脑千亿数量级的神经细胞中，任何一个神经细胞产生的电信号，都可能被上万个与之相连的神经细胞识别；反过来，任何一个神经细胞的活动，也可能受到上万个与之相连的神经细胞的影响。你可以想象这样的情景：挥动魔杖随意点亮人脑中一个神经细胞，在它的闪烁中，电信号荡起的微弱涟漪将迅速传遍整个大脑，此起彼伏的星光如烟花绽放般闪耀。而这可能就是人类智慧的物质本源。

但是卡哈尔的研究和巴甫洛夫有何关系呢？

一头是饥饿的小狗吐着舌头口水横流，另一头是纤细的神经纤维编织出的网络。这看起来风马牛不相及的两种研究，又能建立怎样的联系呢？

在几十年后，加拿大心理学家、麦吉尔大学教授唐纳德·赫布（Donald Olding Hebb）在他的巨著《行为的组织》中天才般地发现了两者之间的神秘联系，提出了著名的"赫布定律"。赫布指出，巴甫洛夫在动物身上观察到的学习行为，完全可以用卡哈尔发现的微观神经网络加以解释（见图7-6）。

巴甫洛夫的小狗所学习的，是在两种原本毫不相关的事物（铃声和食物）之间建立联系。在反复练习之后，它们最终会掌握并记住铃声会带来食物。那我们完全可以想象，这种联系其实就存在于两个神经细胞之间。

比如，假设小狗的大脑里原本有两个并无联系的细胞——我们姑且叫它们"铃声"细胞和"口水"细胞吧。当铃声响起，"铃声"细胞就能感觉到并被激发；当食物出现，"口水"细胞就会开始活动，并且让唾液开始分泌。但是前者并不会引起后者的活动。

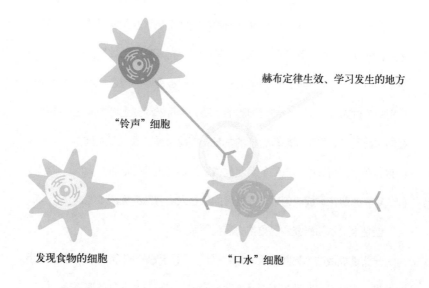

赫布定律生效、学习发生的地方

"铃声"细胞

发现食物的细胞

"口水"细胞

图 7-6　用赫布定律解释巴甫洛夫的实验结果

在巴甫洛夫的实验中，小狗每次都会在听到铃声的同时吃到食物。别忘了，食物的存在是可以直接激活"口水"细胞的。也就是说，"铃声"细胞和"口水"细胞这两个原本无关的细胞被强行安排在同时开始活动。在赫布看来，正是因为这种强行安排的同步活动，让两者之间的物理连接从无到有，从弱到强。这个过程其实就是学习。它有点像很多单位组织的单身派对。单身的男生女生被"强行"安排在一起玩游戏、搞活动、表演节目，一来二去，再陌生的人之间也会开始熟络起来。

就这样，赫布的思想把巴甫洛夫和卡哈尔的研究联系在了一起。在卡哈尔看来，就是经过反复训练，"铃声"细胞和"口水"细胞之间的连接将会达到这样的强度：只需要刺激"铃声"细胞的活动，"口水"细胞就会被激活。而在正在忙活做实验的巴甫洛夫看来，到这一时刻，单独给铃声就足够让小狗口水横流，小狗的学习取得了圆满的成功！

20纳米

赫布的这一理论被稍显简单粗暴地总结为"在一起活动的神经细胞将会被连接在一起"（Cells that fire together, wire together.），并以"赫布定律"之名（也许"单身派对定律"是个更合适的名字）流传后世。他的思想为人们寻找学习的物质基础提供了最直接的指引：如果他是对的，那人们应该能在学习过程中，直接观察到神经细胞之间的连接强度变化；或者反过来，人们操纵神经细胞之间的连接强度，就应该能够模拟或者破坏学习。

说起来也有趣。尽管早在20世纪之初，卡哈尔就已经准确预测了神经细胞之间存在数量庞大的彼此连接。但是这种连接直到20世纪中期才第一次露出庐山真面目。原因无他，这种连接实在是太微小了。不同神经细胞的突起会向着彼此无限逼近，但却在最后大约20纳米的距离上恰到好处地停下，并且形成一个被称为"突触"的连接（见图7-7）。这个20纳米的间距保证了前一个神经细胞产生的电信号或者化学信号可以迅速且不失真地被后面的神经细胞捕捉到，同时也保证了两个神经细胞相互独立，彼此的细胞膜不会错误地融合在一起。

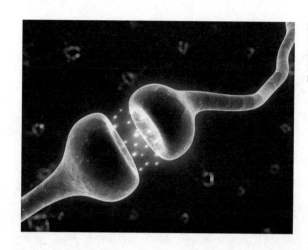

图7-7 突触的想象图。突触是神经细胞信息交流的场所，两个神经细胞的突起在此相遇，形成了间隔20纳米左右的接触界面

你可能已经意识到了，按照赫布的理论，学习实际上就发生在一个个突触之间，发生在这20纳米的距离之上。学习意味着突触的生长和消失，意味着在这20纳米之间，信号传递的效率增强或者减弱。在这20纳米的距离上，任何微小的变化都可能和学习有关。

现在让我们再回头看看海兔。我们说过，海兔的缩鳃反应利用简单的刺激－反射模式就可以解释。但是在20世纪六七十年代，在美国纽约工作的神经生物学家埃里克·肯德尔（Eric Kandel）发现，这个简单的防御性动作同样含有学习的成分。比如说，如果在轻轻触碰海兔皮肤的同时，用电流强烈刺激海兔的头或者尾巴，那么在几次重复之后，原本无害的轻轻触碰，也会引起海兔剧烈的缩鳃反射。也就是说，和巴甫洛夫的狗类似，可怜的海兔学会了把轻轻触碰和电流打击联系在一起，对前者的反应变得剧烈了许多。肯德尔他们还发现，伴随着学习过程，海兔体内发生了一些微妙的生物化学变化。一种叫作环腺苷酸（cyclic adnosine monophosphate，cAMP）的化学物质会突然增多，而在此之后，一系列蛋白质的生产、运输和活动都会受影响。

别忘了，海兔的缩鳃反射是一个非常简单的过程，只需要区区两个神经细胞就可以解释——一个感受皮肤触碰的感觉神经细胞和一个控制肌肉运动的运动神经细胞。那么肯德尔他们的发现自然而然就说明，这两个细胞之间的连接，在学习过程中会被增强，而这种增强背后的原因，可能正是上述这些微妙的生物化学变化。

而这个猜测也被来自美国另一端的科学研究所支持。美国加州理工学院的科学家西莫·本泽尔（Seymour Benzer）在研究一种名为果蝇的小昆虫时发现，如果果蝇脑袋里制造环腺苷酸的能力受到破坏，那果蝇的学习能力将遭受毁灭性的打击。这样一来，不光肯德尔的想法得到了强有力的支持，人们还意识到，既然海兔和果蝇这两种存在天差地别的动物居然共享同样的学习分子，那么很可能学习的生物学基础是放之四海而皆准、在不同生物体内都畅通无阻的普遍规律。

方寸之间，神妙难明。在过去的数十年里，从海兔和果蝇出发，人们开始逐步明了，在突触之间的微小距离上，学习究竟是怎样实现的（见图7-8）。在今天神经科学的视野里，这区区20纳米尺度下的突触几乎就是一个小世界。每一次神经细胞的活动，都可能改变这个小世界的整个面貌。细胞膜上的孔道开了又关，带电的离子蜂拥着进入或者逃离神经细胞；微弱的电流闪电般地从神经纤维的一端流向另一端，时而汇聚成大河，时而分散成小溪；代表着兴奋或者沉默的化学物质被包裹在小小的口袋里，又一股脑地从神经细胞中抛洒而出，如果足够幸运，它们可能会在消失前找到相隔 20 纳米的另一个细胞，欢快地依靠上去，顺便也把兴奋或者沉默的信息传递过去；在细胞内部，全新的蛋白质被合成，陈旧的蛋白质被拆解，伴随着细胞骨架的拆拆装装，突触的形状也如呼吸般伸伸缩缩……

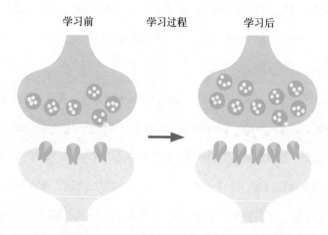

图 7-8　突触和学习。发生在突触界面的微小变化是学习的本质。这种变化可能是数量和大小的变化，也可能是每一个突触内部信号传递效率的变化，如信号发出端释放了更多的信号（图中的黄色点），也可以是信号接收端的灵敏度提高（图中的绿色孔道）

　　伴随着每一次成功的学习，在这方寸之间，新突触在诞生，旧突触在消亡，突触本身在变大和变小，信号发出端的功率和信号接收端的灵敏度也在发生变化。所有这些都可能会影响神经细胞之间的信号传递，也都可能被学习过程所影响。而所有这一切的总和，可能也就代表了学习的结果：经验和记忆。

聪明老鼠

一个自然而然的推论是，当我们理解了学习过程中发生的一切后，我们就可以回过头来，让学习变得更容易更快，甚至可以在大脑中创造出从未发生过的学习场景。科幻作品中脑袋里插片芯片就可以无所不知的桥段也许真的可以变成现实。

当然，今天的我们距离理解"学习过程中发生的一切"还有遥远的距离，但是我们确实已经开始了解其中几个特别关键的角色，甚至开始对这几个关键角色动手动脚了。

例如，我们说过，赫布定律的核心关键是不同的神经细胞"一起活动"。不管是巴甫洛夫的铃铛声和狗粮盆儿，还是突触前后的"铃声"细胞和"食物"细胞，这两件事必须差不多同时出现，学习才会发生。因此可想而知，我们的大脑里必须有一个东西能够准确地识别出"一起活动"这件事才可以。我们可以想象，在两个神经细胞之间 20 纳米的狭窄空间里，站着一个一丝不苟的裁判。他左右手各拿了一个秒表，左右眼分别盯着两个神经细胞。每次看到神经细胞开始活动，他会第一时间掐表，而只有当他发现两只表记录的时间相差无几，他才会大声宣布赫布定律开始生效，学习过程开始。

20 世纪 80 年代前后，这个裁判的真容开始浮现。人们发现有一个总是站在神经细胞膜上的蛋白质，它有一个非常难记的名字叫 N- 甲基 -D- 天冬氨酸受体或者 NMDA 受体，我们干脆就叫它"裁判"蛋白好了。"裁判"

蛋白有一个令人着迷的属性：当它苏醒的时候，能够启动一系列生物化学变化，最终让突触变大变强，让两个神经细胞之间的连接更紧密；而它的唤醒却很困难，需要突触前后的两个神经细胞差不多同时开始活动，轮番呼唤，"裁判"蛋白才会开始工作。它的开工时间表完美契合了人们对裁判这个角色的期望。

　　那么是不是有可能，如果让这种"裁判"蛋白更多一点，眼神更犀利一点，掐秒表的动作更快一点，人类学习的本事就会更强一点呢？

　　在 20 世纪 90 年代，还真的有人这么做了。普林斯顿大学的华人科学家钱卓利用基因工程学的技术，让小老鼠的大脑（或者更准确地说，是一个名为"海马体"的大脑区域，见图 7-9）无法生产"裁判"蛋白。结果，这样的小老鼠就失去了学习能力，由此我们知道，"裁判"蛋白对于学习确实不可或缺。

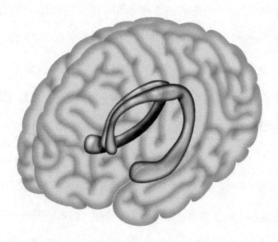

图 7-9　人类大脑中的海马体。在 20 世纪中期之后，人们逐渐意识到海马体是产生学习和记忆的核心

更精彩的其实还在后面。利用同样的手段，钱卓还在小鼠的海马体中生产了超量的"裁判"蛋白。这些小鼠初看起来和它们的正常同伴毫无区别，但是如果把它们扔进浑浊的水池中，它们会比同伴更快地意识到水池的中央有一个足以歇脚喘气的"暗礁"，也能更快地记住这个暗礁的具体方位。如果把它们扔进一间昏暗的小房间，刺耳的铃声伴随着从脚底传来的电击刺痛，这些小老鼠也会更快地意识到铃声和刺痛之间的关联，每次听到铃声都会吓得一动不动。

"聪明老鼠"——这是从来不嫌事大的媒体给这些老鼠起的名字。这种登上过无数报纸和杂志封面的小家伙，生动无比地证明了"裁判"蛋白在学习过程中的意义。从巴甫洛夫和卡哈尔开始的对学习本质探究的两条道路，到这里终于汇聚在一起。在神经细胞之间 20 纳米的微小空间里制造一种蛋白质，就可以操控整个动物的学习能力！

假如记忆可以移植

事情还没完。

1999 年，中国的高考语文科目中，出现了《假如记忆可以移植》的作文题目。在以刻画生活经历、人生感悟、时事政治为主流的语文作文界，这个题目掀起了一场不小的波澜。它甚至还救活了一家质量很高却总是发愁销量的科幻杂志——《科幻世界》[①]。后来,在引起轰动的系列电影《黑客帝国》的设定中,人类从出生到死亡的所有生活经验、回忆和喜怒哀乐,都是计算机强行植入的。

今天看来,这个也许是临时拍脑袋想出来的"冷门题",其实具有长久的话题性。人类社会制造的信息在呈指数增长,如今的每一天,人类世界生产出的数据都超过了古代社会上千年的总和。信息的生产、存储和流动固然已经是让人挠头的技术问题,但是更要命的问题其实是,人类大脑该怎么适应这个数据爆炸的时代? 要知道,我们大脑的容量和形态在过去几十万年里都没有发生过显著变化。按照这个逻辑,信息生产和人脑功能之间的距离只会越来越大,想出办法来人工植入记忆,可能是一劳永逸的解决方案。

更关键的是,这个想法还真的不见得就只能停留在科幻小说和科幻电影的范畴里。

我们再次回忆一下赫布定律和聪明老鼠的研究。赫布定律其实是在告诉我们,学习过程的本质就是两个相连的神经细胞差不多同时开始活动,因此它们之间的连接会变得更加紧密,从而让我们在两个本来无关的事物之间建立了联系。换句话说,如果我们能够强制性地让两个神经细胞同时开始活动,我们就能无中生有地模拟学习过程。不需要真实的铃声,也不需要真实的狗粮,只需要我们想出一个办法,让"铃声"细胞和"狗粮"细胞同时活动,小狗就能够学会听着铃声咽口水。

---

① 当年 7 月份,《科幻世界》恰好刊登了两篇和记忆移植有关的科幻小说。

可是怎么做到这一点呢？聪明老鼠的研究给了我们一些提示。为了创造聪明老鼠，钱卓需要某种技术把特定的蛋白质（在他的例子里，是"裁判"蛋白）输送到小鼠脑袋的某个特定区域里。这种技术的细节就不再展开了，但是我们可以充分展开想象，如果我们能在"铃声"细胞和"狗粮"细胞里放进去一个蛋白质，这个蛋白质能够让这两个细胞同时被激发，那我们岂不是可以创造出无中生有的记忆来，让懵懂无知的小狗对着铃声狂流口水？

有这样的蛋白质吗？

有。它来自海洋。

在21世纪之初，人们逐渐开始理解海洋中的海藻是怎么找到太阳的。简单来说，当阳光照射在海藻细胞上之后，光子带来的能量会打开细胞膜上的微小孔道，从而让海藻细胞活起来，摆动自己的微小鞭毛，调整自己的姿态，让阳光更舒服地照射在自己身上。

这个看起来简单的生命活动提供了一个脑洞很大的可能性。想想看，把海藻的微小孔道放在神经细胞里会发生什么——利用光，我们就可以直接操纵神经细胞的活动。这个设想在2005年变成了现实。在幽幽蓝光的照射下，科学家可以让神经细胞像机关枪一样不停地发射，可以让小虫子扭动身体，可以让果蝇以为自己闻到了难闻的气味。

而接下来，自然会有人去尝试在大脑中创造记忆。

麻省理工学院的利根川进（Susumu Tonegawa）首先做了这方面的尝试。他们提出了一个这样的问题："有没有可能，在动物大脑中植入虚假的场景？"这个问题有着毋庸置疑的现实基础。毕竟，从文字图画到喜剧电影，从 iMax 到 VR，人类文艺作品的一大追求就是"现场感"，能让人如同身临其境，进入一个从未亲历的场景中。对大脑直接动手肯定是最方便、最有现场感的办法。

他们的做法分为两步：首先，让小老鼠亲自进入某个场景（比如一个方形、墙壁画着图案的笼子），这个时候如果在小老鼠的海马体进行记录，科学家可以知道小鼠是如何感受和体验这个场景的。比如，在 100 个神经细胞里可能会有 10 个开始活动，另外 90 个保持不动，这 10 个活动细胞的空间位置分布本身就编码了这个特定场景的空间信息。每次进入同样的场景，小鼠大脑都会出现非常类似的反应。

总结出规律之后，紧接着开始第二步。利根川进他们就可以套用聪明老鼠的套路，把蛋白质输送到所有代表方形图案屋的神经细胞里去了，只不过这次输送的不是让老鼠聪明的"裁判"蛋白，而是让细胞感光的微小孔道。这样一来，只需要对着小鼠的大脑打开蓝光灯，小鼠的脑海里就会出现虚假的回忆，哪怕它此刻其实身处圆形的泡泡屋，它也会以为自己身处方形图案屋（见图 7-10）！

沿着这个思路，我们可以展开充分的想象。除了植入简单的场景，我们能不能植入一段完整的记忆？除了植入记忆，我们能不能擦除一段希望忘记的记忆？除了利用自身的经历，能不能实现记忆的传播——把一个人的记忆读取出来，然后植入另一个人的脑海？到最后，我们能不能直接在计算机里先生成一段完全虚假的记忆——比如在冥王星上面朝大海——然后植入人脑？

图7-10 用光在动物脑中产生虚假记忆

其实说到这里，我们还是必须承认，关于学习和记忆，我们还有太多的东西并不知道。

特别是对于人类而言，学习决不仅仅是具体生活经验的记忆和应用。三人行必有我师，我们能够通过观察他人的行为来学习，不需要重新犯一次别人犯过的错误。从文字到方程，从哲学思想到艺术理论，我们可以跳出生活经验，学习理解抽象的模式。对于这些学习过程，我们的理解仍然非常浅陋。

但是，我想我们仍然可以说，在这个多变的世界里，学习和记忆对于智慧生命的生存和壮大至关重要。没有学习，每一次太阳升起，对于生物来说都是全新和陌生的一天；有了记忆，对于一个生物个体、一套遗传物质而言，只要给它足够的时间，它就可以观察、积累和适应。而对于一个生物群体来说，学习还能帮助它们把经验和感受一代代传递下去。在今天的世界上，人体的生物学演化速度根本无法赶上技术和信息积累的速度，但是我们至今仍然没有掉队。学习和记忆，就是我们最有力的武器。

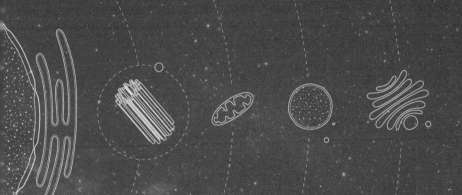

第8章

社交：从乌合之众到伟大社会

故事讲到现在，有没有觉得似乎差了点什么？

从不安分的能量分子到原始细胞，从复杂生命的开始到逐渐掌握了观察和学习这个世界的本领，地球生命始终是"一个人在奋斗"。

不要误会我的意思。我当然不是说在亿万年的光阴里地球上只有孤零零的一个生命，而是说在我们截至目前的故事里，每一个地球生命所能依靠的只有自己。它穿行在危机四伏的黑暗森林，每个匆匆掠去的黑影或者突然响起的怪声，都可能随时夺去它的生命；每一顿美餐都需要自己努力寻觅，还得提防随时会扑上来的同类争抢……而且我猜想，它肯定没有什么倾诉的欲望，因为不管多么婉转的歌喉都注定无人倾听，最大的可能反倒是招来天敌环伺。

这样的生物当然同样可以生存和繁茂。实际上单以数量来论，这颗星球上最成功的细菌在一生中绝大多数时间里过的就是这样的生活：从生到死，这世界的一切对一枚细菌而言只意味着有没有危险、有多少食物。

小细菌的大社会

之所以说"绝大多数时间"，是因为即便是细菌，在某些特定的场合也会尝试着呼朋引伴，做一点超越自我的事情。

比如，在 20 世纪 60 年代，大家就发现在一种海洋生物夏威夷短尾乌贼的身体里住着一种会发光的细菌——费氏弧菌（aliivibrio fischeri，见

图 8-1）。这种细菌奇妙的地方在于，单个生活的时候是不发光的，只有当一大堆同样的细菌聚集在乌贼体内的时候，它们才会不约而同地发光。这种没长眼睛的细菌好像有一种神秘的能力，能察觉到周围到底有多少个小伙伴。如果小伙伴多了，它们就会相约一起点亮荧光棒，自娱自乐地来一场演唱会！

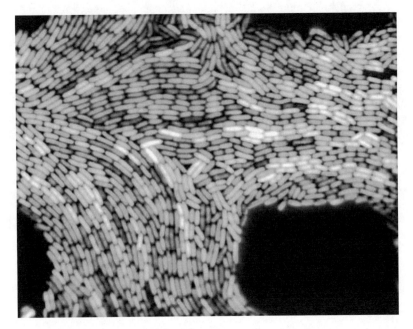

图 8-1 高密度培养下发出幽幽绿光的费氏弧菌

可想而知，在这种现象的背后一定存在一套同类识别系统，能够让每个费氏弧菌都感知到周围存在多少同类；也一定存在一套响应系统，能够让每个费氏弧菌在发现同伴之后点燃荧光。美国普林斯顿大学的科学家邦妮·巴斯勒（Bonnie Bassler）在过去数十年的研究中揭示了这两套系统的工作原理（见图 8-2），并且发现这两套系统其实是基于同一个东西——细菌很节约。

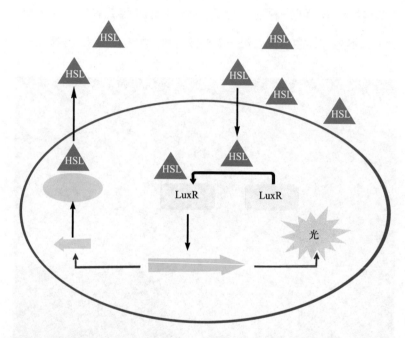

图 8-2 费氏弧菌的发光原理。节约的细菌用同一套系统同时实现了对自我的标识、对群体的感应和发光响应。细菌通过生产和分泌"存在感"信号（HSL）标识自己，通过检测同一个"存在感"信号来判断周围有多少同伙，如果同伙数量大，那么这个"存在感"信号还能打开荧光素的生产开关（LuxR），让细菌发光

简单来说，每个细菌都会持续生产并向外界释放出一种信号分子来标识自己的存在。简单起见，我们就叫它"存在感"信号好了。这种"存在感"信号也会重新进入细菌体内，促进它自己的生产。当细菌单独生活的时候，周围"存在感"信号分子的浓度非常之低，因此它的合成和释放就会维持在低水平的平衡状态。

但是当周围突然出现一大群同类细菌的时候，情况就会发生剧烈的变化。环境中的"存在感"会急剧升高，它反过来也会继续促进每个细菌继续生产释放更多的"存在感"信号，因此在环境中会出现一个"存在感"的爆炸式增长。而这个"存在感"信号分子身兼两职，除了让细菌能够标识自己的存在之外，还能让细菌生产更多的荧光素。因此不难想象，在"存在感"爆棚的环境里，每一个细菌都会被点亮，乌贼的身体会变得闪闪发光。

这种看起来纯属自娱自乐的行为对细菌而言无疑是沉重的负担。至少我们可以想象，它们不大的身体里就需要准备一整套感知同伴、点亮荧光的生物化学机器和对应的遗传物质。但是这也反过来说明，这种行为一定不仅仅是自嗨，它对于细菌的生活肯定非常有用处。

确实如此。更有意思的是，这个"用处"还是通过一套特别精巧的系统实现的。一群细菌聚集在乌贼体内一起点灯，而在细菌灯光的伪装下，细菌寄生的乌贼（见图8-3）就能够在月夜下完全隐藏自己的身影，像海底的隐形轰炸机一样悄悄接近猎物，捕获一顿丰盛的晚餐。而乌贼活得好，就能给发光细菌提供更多的栖身之所——这才是细菌感知同伴和相约点灯的真正"用处"。

我们可以想象，这个"用处"要想落到实处，必须存在一大群细菌互相配合才行。单个细胞就算是能点亮荧光，那点光也远不足以帮助乌贼和自己；而一群细菌如果自顾自地决定什么时候发光，来个此起彼伏的灯光秀也仍然不行。正是这个条件非常苛刻的用处，让这种细菌能够在夏威夷温暖的海洋里，用这种奇妙的方式活下来，而且活得闪闪发光——真正字面意义上的闪闪发光。

图 8-3　夏威夷短尾乌贼（注意它皮肤下透出的光芒）

　　小小的细菌告诉我们，做个独行侠当然也可以繁衍生息，但是有些更复杂、更好玩的事情，我们必须在一起才能做到。在细菌小小的身体里，可能已经隐藏着社会、社会行为和社交天性的生物学秘密。

团结就是力量

　　实际上，许多动物的社会行为也同样可以理解为帮助它们做到了一些单个生物做不到的事情。荒野上的狼群可以集体捕猎，杀死比自己个头大得多的猎物。反过来食草动物（比如斑马和羚羊）也会集体行动，这样能吓跑一部分捕食者，在天敌来犯的时候有更大的机会活下来。更复杂一点的，还有共用巢穴、共同抚养后代等社会行为。毫无疑问，这些行为能够帮助动物活得更安全、更有效率。团结就是力量嘛。

　　说到团结就是力量，最有力的证明要算那些所谓"真社会性"的动物了，比如大家耳熟能详的蜜蜂和蚂蚁。

凡是见过蜂巢和蚁巢的人，都会惊叹于那些小小的虫子是如何修建这样气势恢宏的建筑的（见图8-4）。人类几乎无法设想，这些昆虫是怎样在没有设计师也没有统一指挥的情况下，建造出严整的六角形蜂窝或者四通八达的地下蚁穴的。特别是考虑到蜂巢的原材料要靠每只工蜂从身体中一点点分泌出来，而蚁穴的每块泥土都要靠工蚁一点点搬运走，它们的建筑要远比最美轮美奂的人类建筑更艰难、更伟大。

图8-4 蜂巢和蚁穴

而比建筑更严整的是它们的社会结构。拿蜜蜂为例，在一窝上万只蜜蜂的蜂群里，一般只有一只蜂后专司生育后代，几百只雄蜂专门负责和蜂后交配提供精子，而上万只工蜂则负责建造蜂窝、清理尸体和排泄物、采集花粉、喂养幼虫、抗击入侵者等任务。换句话说，一整窝蜜蜂可以看作一个动物个体，蜂后和雄蜂就是它的生殖细胞，工蜂则是它的体细胞。（还记得我们讲过的分工的故事吗？）从蜂窝里单独抓任何一只蜜蜂出来，它的生存能力和表现出的行为都是极其有限的。但是上万只蜜蜂在一起，通过复杂的社会组织，竟然可以完成看起来只有人类这样的智慧生物才能完成的伟大工程！蜜蜂最好地诠释了社会行为的震撼力量。

那这种严整的社会结构在生物学上是如何实现的呢？

通过对比蜂后和工蜂（见图 8-5），我们可以得到不少提示。在遗传物质的层面，两者是完全一样的。实际上蜂后根本就是被随机挑中的：在成千上万的蜜蜂幼虫中，工蜂会挑一只作为下一代蜂后培养，而且没有证据它们经过了精挑细选。富含糖类的蜂蜜是绝大多数蜜蜂幼虫的食物，而这一只未来蜂后则以蜂王浆为食——这是一种工蜂分泌的、富含蛋白质的乳白色液体。

图 8-5　工蜂和蜂后。工蜂和蜂后的遗传物质并无差别，是养育环境确定了它们的形体差异和分工

食物的不同让"本是同根生"的未来蜂后和其他幼虫走上了完全不同的发育路线。未来蜂后会在蜂王浆的滋养下快速成熟。它体形硕大，身体里发育出了大量的卵巢。交配后可以以每天 2000 枚卵的速度生育后代。而其他幼虫则长大变成了下一代工蜂，它们身体较小，失去了生育能力，但无师自通地学会了从飞行到采蜜、从保卫到抚幼的一系列行为。我们可以猜测，蜂王浆中可能含有能够促进蜂后发育的物质。而反过来，也有证据显示，蜂蜜

中含有能够抑制蜜蜂卵巢发育的物质——比如香豆酸（p-coumaric acid）。双管齐下，未来蜂后和工蜂的命运就此确定。

而即便是在工蜂内部，也有非常精巧的分工。人们早就发现，刚发育成熟的工蜂会负责清理蜂巢和给幼虫喂食这些"内勤"工作。5~7周之后，它们才逐渐掌握飞行的本领，开始执行采蜜和保卫这些"外勤"任务。这种行为转变显然非常重要，因为它为工蜂分配了高效率的工作模式。美国伊利诺伊大学香槟分校的基恩·罗宾逊（Gene Robinson）发现了这种行为转变背后的某些生物学逻辑。执行内勤和外勤任务的工蜂在基因表达上有一些显著的差异，例如，后者胰岛素信号的活动水平更高，一个名为"觅食"（foraging）的基因也表达得更活跃。当然，这些信号意味着什么，它们是如何影响行为的，至今仍是一个谜团。但毫无疑问，一个有趣的可能就是，随着工蜂年龄的增大，它们大脑里的生物化学过程影响和决定了它们的任务分工，最终构造起复杂的蜜蜂社会。

性别的出现和复杂社交

从细菌和蜜蜂的故事里，我们可以看到，生物因为个体之间的配合协作，能做到原本孤独的个体做不到的事情，这些事情更宏观，更复杂，可能也更好玩。但是社会和社会行为的意义还不只如此。特别是在性别出现之后，动物之间的社会行为又一次骤然丰富了起来。

原因很简单。细菌的社交也许仅仅限于在特定的场合标识自己和识别同类，但对于有性别差异的动物来说，社交已经成为生存的基本需求了。哪怕它们没有蚂蚁和蜜蜂那样修建宫殿的雄心壮志，它们或多或少都得参与三种社交活动：竞争配偶、求偶交配、抚育后代。对于这些动物来说，"一个人在战斗"的场景从理论上就已经不可能了。

为了解释这一点，我们先说说看，为什么在地球生物的演化历史上会出现性别。

必须说明，性别的出现并不是地球生命演化的必然。事实上直到今天，无性别的生物还是地球生物圈的主流——全部细菌都没有性别的区分，同时还有上千种动物、植物、真菌也没有性别。它们只需要靠自己就能活得很好，只要靠自己就可以繁殖后代。就拿一枚细菌来说，它们只需要在吃饭之余定期地一分为二、二分为四、四分为八……就可以千秋万代地永远存在和繁殖下去。这也就是为什么我们可以说，现在地球上生活着的所有细菌，都是同一个细菌祖先的后代。那个伟大的祖先其实从来未曾死去，而是一直活在每一代后代的身体里。理论上说，今天每一个细菌后代的身体里，都还保留着最早祖先（微乎其微）的遗传物质。

而反过来看性别的出现，我们最先看到的，可能反倒是它的天然缺陷。一个非常明显的麻烦就是，自从性别出现那一天开始，生物想要繁殖后代就再也做不到独善其身了。它必须在有限的寿命里找到和自己性别不同的另一半，并与之结合，才有机会繁殖后代，把自己的遗传物质传递下去（见图 8-6）。要是没有完成这个任务，之前亿万年绵延到它这里的遗传信息接力赛将就此中断。它的祖先即使曾经十分强大兴盛，也将迅速在历史上失去踪迹。而更要命的是，即便它辛辛苦苦找到了另一半完成了交配和繁殖的使命，它的后代身上也仅仅有它 50% 的遗传物质。相比简洁高效的无性繁殖，性别这件事的费效比其实低得惊人。更不要说在这个过程中，它还需要和同性其他个体竞争上岗，需要努力博得异性的欢心，最后可能还需要小心翼翼地照顾后代。

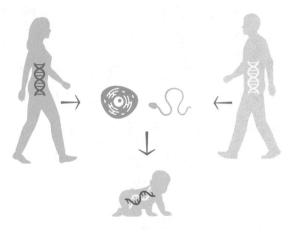

图 8-6　有性生殖的示意图。有性生殖初看起来是一种费力不讨好的生殖方式，个体需要费心费力找到"另一半"，却又只能遗传 50% 的遗传物质。相比之下，无性生殖的个体光靠自己就可以繁殖，而且可以传递自己 100% 的遗传物质

然而我们的日常经验大概会得出完全相反的结论：我们能观察到和想到的几乎所有生物，都存在性别差异。有一个简单的检验方法是看看我们的餐桌，从鸡鸭鱼猪牛羊这些肉食，到青菜白菜苹果香蕉这些蔬果，再到米饭面条红薯土豆这些主食，无一例外都是有性别的生物。（当然必须指出，在农业生产中，有些时候我们会用无性生殖的方法来培育它们，比如土豆和红薯。）

套用本章开头的逻辑，我们可以想象，既然在巨大的代价之下，性别仍然可以如此顽强和广泛地存在，而且越是复杂的生物就越是普遍存在性别，说明性别一定有更加巨大的演化意义，足以抵消它的缺陷。

必须承认，性别具体有什么样的好处，这些好处是不是真的在一定程度上足以抵消性别的代价，实际上直到今天仍然没有被一致接受的解释。但是目前至少已经有几个相当可靠的猜测。比如，相比总是一个人战斗，总是持续地一分为二、二分为四的无性生殖，异性相吸的有性生殖要更容易创造多样化的后代，因此更能适应多变的地球环境。

我们假设一个场景。假设有一种小生命快乐地生活在原始地球的温暖海洋里，本来每天吃吃喝喝，到点分裂出两个后代，活得挺滋润。但是突然有一天，海洋的温度和酸碱度同时发生了剧烈的变化，水温上升 10 摄氏度，pH 值下降了 5。可想而知，新环境对所有活着的生物都是一种严峻的考验，它们当中的绝大多数估计撑不过这一次挑战。

现在，我们来假设一下什么生物能活下来。我们知道，遗传物质复制存在概率非常低的错误，这也是生物多样性和自然选择的基础。因此我们可以做这样的猜测，如果海洋中本来就有一些出现变异的小生命，它们同时能够抵抗高温和酸性环境——或者说，它们身体内携带了"抗高温基因"和"抗酸性基因"——这些幸运儿就能活下去，并且很快成为新环境的主宰。

但是问题来了，两种变异基因同时出现在一个个体上的概率，将是一个非常低的（幸运）数字。假设出现一个基因变异的概率是一亿分之一（这其实已经是过分高估的数字了），那两个变异基因同时在一个个体上出现的概率，将只有一亿亿分之一！这个数字在现实中几乎就等于说这种可能性压根儿就不存在了。换句话说，这种快乐的小生命，不管它在海洋中已经繁殖了多少个个体，繁衍了多少代，将在这次环境剧变中彻底灭绝。

在这种场合，本来显得累赘烦琐的有性生殖就有用武之地了。对于存在性别的生物来说，只需要父母双方分别携带一个变异基因——比如父亲是"耐高温"，而母亲是"抗酸性"（见图 8-7）——在它们交配繁衍的后代中，就会有一定比例是同时携带两个变异基因的，这些后代就可以幸运地存活下来。在这个情景下，我们对变异基因出现的概率要求就低多了，只需要两种变异基因分别出现在不同个体就可以。如上所述，这种可能性是一亿分之一，有性生殖将这种小生命存活的概率提高了一亿倍！

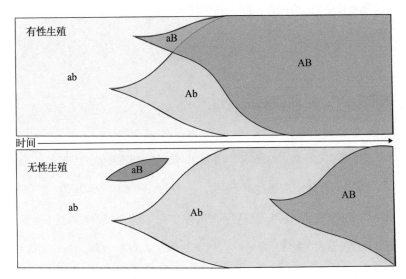

图 8-7 有性生殖条件下，有好处的基因突变可以更快地占据优势。我们不妨把 A 理解成耐高温基因，B 理解成抗酸性基因。那么理论计算的结果是，两种基因突变可以通过交配繁殖快速集中在后代体内（AB），效率要比无性生殖高得多

这个假想案例告诉我们，以求偶、竞争和抚育后代为代价，性别的出现和有性生殖将极大地增加生物个体之间交流遗传信息的频率，为后代创造更大的遗传多样性。这种可能性在环境巨变的时候将成为物种存续的救命稻草。我们也可以想象，或许正是这种可能性，让几乎所有复杂地球生物都选择了保留性别这个看似累赘的负担。

也正因为此，地球生物的社交生活一下子变得丰富多彩起来。首要的原因当然是有性生殖创造了更大的生物多样性，让更多的生物性状（从外形、生理、习性到社交行为）得以出现。而与此同时，也因为性别的出现，让很多社交行为（比如异性间的求偶、同性间的竞争、对后代的抚育，等等）成了生存和繁殖的必需。

动物社会和社会行为从此开始流传世界、蓬勃兴盛起来。

求偶社交：对面的女孩看过来

我们就用一种特别的社交行为来说明问题吧：寻找配偶。

性别的分化意味着想要繁殖后代，让自己的遗传物质继续流传，每个动物个体都要首先找到和自己性别不同的另一半，击败各路潜在的竞争对手，展开热情的追求，最终赢得另一半的欢心。我们人类寻找伴侣其实也是这个画风。

这种行为貌似无师自通，但是仔细想来其实非常复杂。

首先，怎么找另一半？换句话说，一个动物个体怎么知道自己是什么性别，又怎么确认其他个体的性别，然后判断出谁的性别和自己不一样、是合适的求偶对象呢？

对实验室动物的研究能够给我们一些有趣的提示。对于小鼠和果蝇这两种截然不同的实验室动物来说，雄性识别雌性的原理其实非常相近："闻香识女人"。公老鼠能够闻到母老鼠尿液里的一些化学物质，它们就靠这个信息来锁定交配伴侣，然后"性"致勃勃地展开追求。雄果蝇也类似，它们可以通过味觉系统"尝"出雌果蝇身体上携带的某些化学物质。实际上，如果把这些雌性特有的物质添加到其他雄性身上，雄鼠和雄果蝇就会变身"同性恋"，同样"性"致勃勃地对雄性展开攻势了。

因此，我们首先可以推测出一个并不令人吃惊的结论：动物依靠各式各样的感觉刺激来分辨性别，就像人类可以从长相、服饰乃至头发的长短来判断性别一样。

而接下来的任务就要复杂一些了：识别出了"可人"的另一半之后，动物如何展开追求和竞争？

在人类社会，追求和竞争活动一般由男人来完成。不管是买玫瑰、送巧克力，还是唱情歌、秀关怀，又或者是一掷千金来个物质攻势，本质上男人做的事情都是一样的：向女人证明自己是优越的伴侣，并且自己比其他竞争者更优越。实际上在大多数地球生物中，都是雄性在主导求偶和竞争的环节，而雌性拥有最后的选择权。

你可能会觉得，人类社会的求偶竞争已经离题万里。毕竟不管是巧克力、情歌还是宝马车，本质上和交配、繁殖、传递遗传物质这件事的成功率毫无关系啊。

但是你将会看到，为了成功地找到配偶，许多雄性动物做得远比男人离谱。

来自澳大利亚和新几内亚的园丁鸟提供了一个绝佳的案例。公园丁鸟往往会花上好几个月甚至好几年的时间精心建造一个自己专属的求偶场地。它们会清理出一块干净的地面，用心铺上厚厚的苔藓，然后用树枝搭建一个像宝塔一样的亭子。很多时候，它们还会到处搜集色彩鲜艳的装饰品（花朵、果实、昆虫的外壳、甚至人类生产的工业品）来装饰这个场地（见图 8-8）。完成之后，它们会在求偶场地上鸣叫、起舞，直到有雌性受邀前来。在整个过程中，雌鸟会反复考察好多个不同的求偶场所，判断谁家的装饰最美观、谁家的亭子最坚固，最终选定一个真命天子。

图 8-8 一只雄性园丁鸟在精心装饰自己的求偶亭

请注意，整个过程里最诡异的地方在于，这个精心准备的求偶场所是地地道道的面子工程。它既不能住，也不能用来产卵和孵蛋，甚至大多数时候都不能用来储藏食物。它唯一的目的就是吸引雌鸟前来交配。更要命的是，这只雌鸟之后还不得不自己重新搭建一个鸟巢用来抚育后代，而那个时候已经完成交配任务的雄鸟早就跑得没影了！相比公园丁鸟，至少同样喜欢"面子工程"的男人准备的巧克力还能吃，开来的宝马车还能坐啊。

除了勾引雌性，雄性动物之间也会经常展开直接的竞争，胜利者自然而然拥有更多的交配机会。和很多人想象的不同，雄性之间的竞争往往并不是真刀真枪地干仗，反而是虚声恫吓的场景更多一些。比如，人类的近亲黑猩猩往往形成小集团过集体生活，里面领头的那一只公猩猩享有绝对的交配权。如果集团里有另一只不安分的公猩猩想要取而代之，那么两者之间就会爆发场面激烈的冲突，面对面大声吼叫（见图 8-9），剧烈地捶打前胸，互相踢腿。但是一般而言，这些动作主要是为了让对方知难而退，而不是真的把对方打趴下。在几个回合的交锋之后，弱势一方往往就会认输撤出战场，主动放弃交配权的争夺。

也就是说，不管是园丁鸟的炫耀，还是黑猩猩的捶胸顿足，本质上都是没有什么实际用途的行为。但是它们再生动不过地展示了，在性别出现以后，地球生物为了成功繁殖后代、继续传递自己的遗传物质，可以发展出怎样复杂和多姿多彩的社会行为来。

图 8-9 试图通过吼叫吓退对手的黑猩猩

语言：伟大社会的基础

说到这里，社会和社会行为的基础我们已经讨论得差不多了。众多生命个体聚集在一起相互配合和响应，能够完成个体无法完成的复杂任务；而性别的出现进一步丰富了社会行为的层次和形态，甚至在此基础上，还能催生出看起来毫无实际用途的花架子社交行为来。

但是要构造一个真正的伟大社会，这还远远不够。

在上述所有的社交方式中，生物个体之间能传递的信息是非常有限的。发光细菌的例子自不必说，它们能传达和接受的信息只有一个，就是"存在感"信号的强弱。即便是到园丁鸟的案例里，尽管公园丁鸟能做出让人叹为观止的建造行为（实际上在西方殖民者第一次看到园丁鸟的求偶亭的时候，他们无论如何都不相信这是鸟的杰作），但是公鸟和母鸟之间的交流仍然是非常有限的，仅限于选择和被选择。

蜜蜂的交流当然要更上一层楼。比如早在 20 世纪 40 年代，奥地利科学家卡尔·冯·弗利希（Karl von Frisch）就发现，采蜜归来的工蜂可以通过一种特别的摇臂舞蹈（见图 8-10）来展示食物的位置。蜜蜂会一边快速摆动尾巴一边在蜂巢上沿直线爬行，周而复始重复多次。直线爬行的角度标识了食物（相对于太阳）的方向，而直线爬行和摇臂舞蹈的时间则标识了食物的距离。弗利希的研究一开始被同行嗤之以鼻，认为是异端邪说或者是牵强附会，但是在过去的大半个世纪里，人们逐渐意识到，互相交流食物和危险信息的能力在动物社交生活里普遍存在，而使用的媒介除了蜜蜂这样的视觉信息，还有嗅觉信息、味觉信息、听觉信息、触觉信息，等等。

图 8-10 蜜蜂摇臂舞

实际上回头看，蜜蜂的案例倒是可以自然而然地证明信息交流在复杂社会中的重要性。像蜜蜂和蚂蚁这样高度社会化的昆虫，彼此间要是没有高效的交流方式反倒奇怪了。因为没有交流也就没有信息共享，没有交流也就谈不上复杂的社会分工，那么一群生物个体就只能是各自为战的"乌合之众"，根本发挥不了"团结就是力量"的神奇作用。

说到这里，我们最后的假设已经呼之欲出了：人类高度复杂的社会构成同样需要复杂的信息交流工具，它的基础就是独一无二的人类语言能力。

我们先来看现象，人类社会的信息共享和社会分工远远超越了任何其他地球生物。借助书籍、信件、媒体和互联网，人类社会的信息共享真正做到了跨越时间和空间的限制。今天的我们可以通过阅读两千年前的《史记》了解鸿门宴上项庄舞剑的前因后果，也可以上网查询万里之外的美国总统特朗普又发了什么推特。如果横向比较一下的话，这一段文字所蕴含的信息量，要远远超过一窝蜜蜂传达一辈子的信息。而就在我们做这些事的时候，整个人类世界在一天的时间里所产生的数据，几乎相当于古代社会数千年的总和！

而在信息交流共享的大背景下，社会分工同样越来越精细和个性化。在动物社会中，社会分工往往依靠生理差异，比如个头大的雄猩猩会更有机会成为头领，带领整个小团体生活；吃蜂王浆长大的蜜蜂会变成蜂后，承担起繁殖后代的使命。可想而知，这种类型的分工必然是粗糙的，显而易见的生理差别（比如体形、年龄）非常有限，一个群体内的多样化是没办法被发掘出来的。而人类社会则大大不同，越来越严密的教育、筛选和考察系统，使每个个体都在非常丰富的维度上被定义和分类——价值观、智力高低、体能优劣、友善度、内向外向、逻辑思维、语言能力，甚至是颜值和衣着品位，然后进入不同的职业和人生发展通道。当然，我们往往会诟病这套系统里的各种问题，一考定终身啊，或器物化活生生的人啊，等等。但是在我看来，问题恰恰在于我们的教育、筛选和考察系统还不够精细，还不足以真的让每个个体都展示出自己精彩和独特的内涵。

无论如何，人类独一无二的语言促成了如此复杂的信息共享和社会分工。在语言学家艾弗拉姆·诺姆·乔姆斯基（Avram Noam Chomsky）看来，人类语言的独特性质就像搭积木：在某种基本的框架约束下（也就是所谓语法），我们可以随心所欲地将各种词汇组装起来，来表达我们的思想——哪怕这个思想亘古以来首次出现，哪怕这个思想所指代的事物普天之下闻所未闻。例如，在"积木"原则的指引下，我们可以毫无障碍地说出"如果月球变成立方体的，那我们就可以在立方体的边缘开一个悬崖派对了"。说这种胡话是任何其他地球生物都办不到的，而只有具备这种说胡话的能力，才能为信息共享和社会分工提供几乎空间无限的信息载体。

而一个显而易见的问题就是：人类这种独特的语言交流能力是如何实现的？要知道，我们和近亲黑猩猩的遗传物质差异微乎其微，生理特征甚至相貌的相似度都很高。但是黑猩猩只能通过极其有限的声音和动作来传递信息，相对应地，黑猩猩一般也只会形成20多只的小型集团一起生活。那人类语言难道是有一天突然从石头缝里蹦出来的吗？

还别说，上面提到的语言学大师乔姆斯基就一直在鼓吹人类语言是突然出现的偶然现象。更要命的是，因为语言是一种看不见摸不着的东西，很难追溯到远古时期，而大脑本身也很难变成化石，因此人类祖先的化石证据也很难一锤定音地说明人类语言到底是什么时候出现，又是怎样和猩猩们的粗浅交流分道扬镳的。直到今天，人类语言的起源和演化仍然是众说纷纭。

但是从生物学视角，我们倒是可以做一点有趣的探究。

19世纪下半叶，法国医生皮埃尔·保罗·布罗卡（Pierre Paul Broca）收治了一位很奇怪的病号。此人智力正常，完全能理解别人说话，自己的发音功能也没问题，但是就是无法把词汇顺畅地组装成句子。我们用中文打个比方，如果要表达"我今天中午想吃面条"，他大概会说成这样："面条……今天……吃……我……中午。"在这位病人死后，布罗卡医生为他做了尸体解剖，发现他左脑的一个区域（名为额叶，位置大概就在我们额头内）受了严重的内伤。因此布罗卡医生猜测，也许这个大脑区域的作用，就是形成语法，就是语言积木的大框架。无独有偶，稍晚一些，一位德国医生卡尔·威尔尼克（Karl Wernicke）也发现如果左脑的颞叶部分——比布罗卡发现的区域稍微靠下一些——出现问题，病人也会失去语言能力。这些病人的表现很不一样，他们可以流利地说话，但是说出来的是毫无意义的组合，比如"面条今天吃我中午"。与此同时，这些患者和布罗卡的病人不同，他们还丧失了理解别人语言的能力。

从那时候开始，人们逐渐开始理解人脑如何理解和产生语言。更多的案例证明，两位医生发现的大脑区域——后来分别被命名为布罗卡区和威尔尼克区（见图8-11）——分别侧重于语言的表达发声和语言的理解。更重要的是，这两个区域内部以及连接两个区域的神经细胞，在猩猩的大脑中要弱小得多。考虑到人类语言的独特魅力本来就在于语法框架下词汇的自由组合，再考虑到布罗卡区和威尔尼克区对于语法结构的重要性，我们可以猜测，可能正是这些大脑区域的演化给人类带来了独一无二的语言能力。

布罗卡区　　　　　　　　　　　　　　威尔尼克区

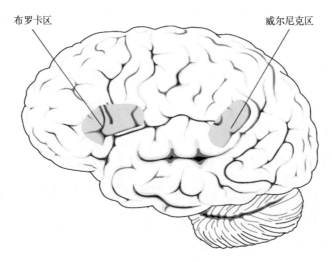

图 8-11 人脑的布罗卡区和威尔尼克区

那这些独特的大脑构造又是从何而来的呢？

近年来，有一个名为 FOXP2 的基因引起了不少的关注。如果这个基因出现遗传突变的话，病人的表现和布罗卡区因为疾病或者外伤发生问题的患者很像，说话很慢，咬字不清，而且语法乱七八糟。更有趣的发现是，这个基因在人和黑猩猩之间只有两个氨基酸的微小差别；而这点差别的来源大致可以追溯到 10 万 ~20 万年前，恰好就是我们现代人类（人科人属智人种）诞生的时候。因此，是不是有可能恰恰是 FOXP2 基因的变异让人类和黑猩猩的语言功能天差地别，最终让具备高级语言功能的现代人脱颖而出？如果确实如此的话，那 FOXP2 基因区区两个氨基酸的变化又是如何塑造人类独一无二的大脑，让我们能够听懂别人的语言，并能够讲出流畅的语句的？遗憾地说，我们还不知道。

但是讲到现在，伟大社会的三块奠基石已经呼之欲出了：为了对抗面目千变万化的大自然，生物体放弃了"一个人的战斗"，呼朋引伴地走到了一起；性别的出现催生了生物多样性，为更复杂的社交提供了遗传学的准备，更是让寻找配偶的社交方式五花八门、无所不用其极；最后，语言的出现让更精细的信息分享和分工成为可能。

就这样，我们这种在相貌体能上和猩猩相比并没有什么优势的物种，开始了伟大社会的建造工程，并在二三十万年的时间里，从无到有地建设起了壮丽巍峨的人类文明。

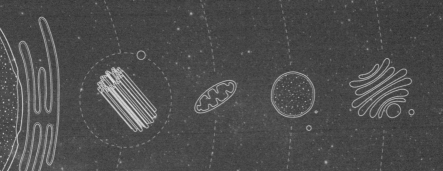

第9章

自我意识：我是谁

　　好了，现在我们知道生命源于能量，遗传信息需要复制，分工带来复杂性，而心智的萌芽依靠与客观世界的交流握手和学习互动。但是我们必须承认，这几条全部加起来，也远不足以为"智慧"这个词给出一个完整的描绘。

　　原因很简单。哪怕是基于人类当前的技术水平，我们也不难想象出这么一台机器，它能够按照固定的程序装配零件，组装出一台台和自己完全一样的机器；这台机器自身的零件和程序显然会非常复杂；而这台机器也完全可以（并且必须）从各种传感器那里获得周围世界的许多信息：耗电量、时间、装配速度、零件供给情况、是否出现磨损，等等。这台机器甚至还可以通过程序输入实现"学习"，能够和其他机器联网形成互动的"社群"。但是即便是机器人生命最热烈的拥趸，大概也不会承认这台机器已经是一个智慧生命了吧！

　　那么在一台精致复杂的、可以自我复制、能够采集客观世界信息的机器，和看起来柔弱的、难以捉摸的智慧生命人类之间，到底还差了些什么东西呢？

　　也许一个简单的回答是："我"。

镜子里的自己

　　不需要解释，读者都明白"我"是什么含义——就是手捧本书、正读到这句话、脑海中正在表达赞赏或者不屑的那个人类个体。这种关于自我的感觉在成年人中是如此地普遍和本能，就像呼吸和眨眼一样自然，以至于想要通俗地解释它到底是怎么回事，反而会变得很不容易。

对于绝大多数成年人来说，我们能意识到"我"是这个世界上一个非常特别的存在。"我"可以控制这个身体的喜怒哀乐、跑跳休息，"我"可以和其他很相似的人交朋友、谈科学，"我"也可以爬上高山、潜下深海、探索大千世界。而且，在这一切具体的活动之上，"我"和周围所有的其他人、和"我"每天接触的环境都是截然不同的东西，有一道森严的壁垒区分"我"和除此之外的一切。

是不是听起来还是太玄乎了？我只想说，这种听起来特别玄乎的"我"的概念，也是有清晰的物质基础的。它不是虚无缥缈的哲学概念，而是孕育在我们人类大脑中的一种能力。我们至少可以从几个小例子中得到一些启发。

先说第一个例子。即便是对于人类来说，自我意识也并不是天生的，而是随着婴儿的发育逐渐获得的能力。有过育儿经验的读者可能会有过观察，小宝宝刚刚开始说话表达愿望的时候，可能会说"妈妈抱""宝宝饿"。但是通常在这时候小宝宝还不会使用"我"，不会说"我饿"或者"我想吃奶"。"我"这个字出现在孩子的语言里要晚一些，差不多在一岁半到两岁这段时间。这个小小的变化，也许就反映出自我意识的萌发。

这个例子是不是有点太"民科"、太不严肃了？难道就不能是孩子语言功能和大人有差异，或者孩子就是不高兴用"你我他"这些玄乎的代词说话？先别急，我要说的第二个例子就是，确实有相当一部分人直到成年也无法完全领会和使用"我"来说话。一个特别重要的群体就是自闭症（autism spectrum disorders，又叫孤独症）人群。这是一种发病率超过千分之一的、以社交障碍为主要标志的精神疾病。有一部分患有自闭症的病人，对于掌握"你""我""他"这样的人称代词，或者描述自己做过和观察到的事情，会存在特别的困难。比如说，让一个自闭症患者描述刚才做过的事情，他／她可能会熟练地说"吃苹果""坐汽车"，但就是不能把"我"和这些事情联系在一起，说"我吃苹果""我坐汽车"。通过这个例子，我们也许可以更进一步地确认，自我意识不光不是与生俱来的，而且还有出错的可能。

即便是在复杂的语言功能之外，也有一些行为证据提示我们人类婴儿会在发育过程中慢慢产生"我"的概念。假想一个情景，要是我们走路的时候手拎的包不小心被脚踩到、走不动了，我们会自然而然地抬起脚重新提起包然后继续走路。这个看起来特别简单的任务，实际上有一个前提，那就是我们得知道"我"的脚是"我"没办法继续走路的原因。

如果类似的任务给孩子来做呢？有心理学家借此开发出了所谓的"购物车"实验（见图 9-1）。给小朋友一辆迷你超市购物车，让他们往前推，推到自己妈妈身边。但是在执行任务的时候给孩子设了一个陷阱：研究者把购物车和孩子脚下的垫子固定起来了。这样一来，除非孩子走下垫子，否则是根本没办法推动购物车的。研究者发现，16 个月大的孩子在这个任务里会拼命（但是徒劳）地往前推购物车，而 21 个月大的孩子就会很快搞清楚诀窍所在，走下垫子从侧面甚至前面来移动购物车。这个观察说明，人类婴儿在 16 个月到 21 个月这段时间里会开始理解"我"的身体。大家注意，这个时间段恰好和孩子开始使用"我"这个词的时间差不多。

图9-1 购物车实验。来自加拿大 Dalhousie 大学克里斯·摩尔（Chris Moore）实验室

你可能还会继续不依不饶地发问，说来说去还是一些比较主观和复杂的指标，你有没有办法直截了当地证明给我看，自我意识是怎么回事，谁有或者没有自我意识？

1970 年，美国图兰大学的心理学家戈登·盖洛普（Gordon G. Gallup Jr.）发明了非常简单的镜子实验（mirror test）来度量自我意识。这个实验的逻辑是很简单的。我们都有经验，不管我们穿得多新潮、发型多古怪，当站在镜子面前时，我们都能立刻明白镜子里的那个人是"自己"，而不是自己的一个同类突然闯入了镜中世界冲我们傻乐。盖洛普把这个经验推广了一点点：他把黑猩猩麻醉了之后在它脸上画了几个小红点，然后看清醒以后的黑猩猩怎么照镜子。果然，就和人的经验一样，醒来的黑猩猩照了镜子之后，立刻意识到其实是"自己"的脸上出现了奇怪的红点，而且还抓耳挠腮地想要抹掉这些红点（见图 9-2）。特别有趣的是，盖洛普发现如果实验的对象换成猕猴——一种比黑猩猩低等不少的灵长类动物——结果就完全不同：猕猴哪怕是照上几个星期的镜子，也意识不到镜子里就是它们"自己"。它们每天忙着和镜子里的"新朋友"打闹或者玩耍，更谈不上还会找镜子擦掉脸上的小红点了。一面镜子就把一种认识到自我存在的能力清楚地展示了出来。

图 9-2 黑猩猩完成镜子实验

镜子实验第一次把对自我意识的研究从玄乎的哲学和心理学思考推广到了实验科学，从万物之灵的人类推广到了动物界。此后，全世界的科学家开始乐此不疲地把不同的动物带到镜子前，看看谁能认出镜子里的自己，谁只会傻乎乎地对着镜子打闹或者好奇。现在我们知道，能够通过镜子实验的考验、成功地认出"自己"的动物统共也就 10 种左右，而且大多数是那些人们日常认为的"聪明"动物：大猩猩、倭黑猩猩、海豚、大象、（看起来滥竽充数的）喜鹊，等等。利用镜子实验，我们也进一步确认了人类的自我意识就是差不多在一岁半到两岁之间形成的：因为在 18 个月大的时候，有一半的孩子照镜子的时候能够明白镜子里出现的就是"自己"，如果给他们的鼻子偷偷涂了口红，他们会努力把自己鼻子上（而不是镜子里）的口红擦掉；而另一半孩子还不能做到（见图 9-3）。

图 9-3 人类儿童在接受镜子实验

和人类的表现类似，像黑猩猩、海豚、喜鹊这样的动物也可以通过镜子实验。相反，猫、狗、猕猴这些动物在照镜子的时候，会将镜子里的形象识别成另一个同类动物，甚至还会表现出惧怕、威吓、玩耍这样的社会性行为。镜子实验简单清晰地显示了人类（和少数动物）的自我意识，到今天仍然是检验自我意识的黄金标准。但是围绕镜子实验也有很多争论。例如，并不是通不过镜子实验的动物就一定没有自我意识（盲人显然无法通过镜子实验；那些天生惧怕目光对视的动物也很难通过）。再比如说，镜子实验并没有一个非黑即白的边界，有些动物在接受训练后可以获得这种能力（例如猕猴），但是很难想象这意味着猕猴可以"学会"自我意识。

尽管没有特别严格的科学证据，但是我们不妨大胆猜测，自我意识是人类许多复杂的情绪和思考能力的基础。许多简单的情绪（例如恐惧、愤怒、快乐）在很多相当低等的动物中都已经出现了，这些情绪能够帮助动物躲避危险、延续生命、繁衍后代。但是更复杂的一些情绪，例如羞耻感（"我"做了件错事）、成就感（"我"做成了一件事）、好奇心（"我"想知道为什么）、责任感（"我"做了什么，因此"我"要承担后果），缺少自我意识的话是很难想象的。而这些复杂的情感，很大程度上就是智慧生命发展壮大乃至走出家园探索宇宙的动力。因此，即便放眼全宇宙，似乎也很难想象会存在没有自我意识的智慧生命。

我思故我在

那么，自我意识到底是怎么回事呢？

勒内·笛卡儿是法国伟大的哲学家、科学家和数学家。笛卡儿对人类文明居功至伟，特别是在西方哲学和解析几何学领域的奠基工作。即便是对哲学没有任何兴趣的读者，大概也都听说过笛卡儿那句名言——"我思故我在"（拉丁文：Cogito, ergo sum）。利用这句话，笛卡儿第一次严肃讨论了"我"，也就是自我意识的源头。笛卡儿说，世间万事万物不管看起来多么确凿无疑，都是可以被怀疑和辩驳的，但是唯一毋庸置疑的事就是"我在怀疑"

这件事本身。那么既然"我在怀疑"这件事一定是真的，那么"我"的存在也自然是板上钉钉的。当然了，在笛卡儿之后，多少代伟大哲学家对这种论证自我意识的方法进行了各种辩驳和挑战，这些反复诘难最终也成为现代哲学的基石。比如，一种批评是，通过笛卡儿的论证，我们充其量可以说，确实存在一个"在怀疑的实体"，至于这个实体是不是"我"，笛卡儿并没有说明。另外一个很好玩的事情是，这句简明上口的"我思故我在"应该说是对笛卡儿思想的错误翻译（拉丁文 - 英文 - 中文）。因为如果单单从字面理解，"我思故我在"就是不折不扣的循环论证和傻瓜逻辑了：既然"我"在这句话的开头就已经存在了，那还费劲论证"我"的存在干嘛呢？

让我们再回头审视一下镜子实验的提示。

当我们在照镜子的时候，我们到底是怎么知道镜子里就是自己的呢？或者打一个极端一点的比方，如果弄一千个高矮胖瘦差不多的人都堆到我们周围，每个人都戴着鸭舌帽和墨镜，穿着黑风衣，别着左轮枪，一副黑手党的扮相，我们还能不能准确地判断镜子里到底哪个是"我"？

答案倒是也很容易想。我们只需要皱皱眉头、招招手、扭扭腰，做点特别的动作就可以了。只要镜子够大眼神够好，我们就能够轻而易举地看出镜子里那么多黑手党里哪个才是我们自己：就是那个在皱眉招手扭腰的嘛！

从这个小小的思想实验（让我们叫它"黑手党实验"吧）出发，我们可以想到一个关于自我意识的简单物质解释。自我意识的产生需要两方面的信息，我们需要一方面采集外部感觉信息（镜子里一个正在皱眉招手扭腰的人的图像），另一方面采集自身感觉信息（我自己正在皱眉招手扭腰）。当两方面的信息高度吻合的时候产生一个"这就是我"的输出，自我意识就出现了。我们甚至可以猜测得更具体一点，如果在我们的大脑里有这么一些神经细胞，它们能够对相似的外界感觉输入和自身感觉输入产生类似的反应，那么这些细胞也许就是自我意识的物质基础。

而更重要的是，这个假说和"我思故我在"这样的纯粹哲学讨论不同，它是可以用实验验证的。

好了，读者可以看到在这个故事里我们是如何把一个听起来很玄乎的哲学命题一步步庸俗化到一个可以用实验验证的技术化命题的。而你可能也已经猜到了：我提出这个技术命题不是没有原因的。因为已经有人在人脑里找到了一些这样的神经细胞，还给它们起了个意味深长的名字"镜像神经元"（mirror neuron）。

20 世纪 90 年代初，意大利帕尔马大学的神经科学家贾科莫·里佐拉蒂（Giacomo Rizzolatti）发现了一个诡异的现象。里佐拉蒂当时正在利用猕猴研究大脑怎么控制躯体的运动。他把细细的电极插入猴子大脑中专门负责控制运动的区域，记录神经细胞的电信号，然后在猕猴面前放上几颗花生。他们发现，不少神经细胞在猴子抓花生的时候（甚至稍早于抓花生的动作）会产生强烈的电信号。这个发现提示了一种可能性：这些神经细胞的功能是控制"抓花生"这个动作的；当然，它们的功能也可能是负责鉴别花生的"价值"，或者是识别花生这种东西本身，等等。为了区别这些可能性，里佐拉蒂又吩咐助手给可怜的猴子摆上了各式各样的东西，有吃的，有玩的，他们想看看电极记录到的这些细胞到底是负责动作的，还是负责鉴别物体的。

结果很奇怪的事情发生了：这些神经细胞早在猴子做任何动作之前，在科学家给猴子换东西的时候，就已经开始产生电信号了！

在排除了所有更容易接受的可能性之后，里佐拉蒂他们终于肯定，这些猴子大脑里的细胞，会且只会对两种性质截然不同的事情起反应：猴子自己在"做"某个任务的时候，以及猴子"看见"别人在做这个任务的时候。例如，如果一个细胞在猴子拿花生的时候会产生信号，那么它也会在科学家助手拿花生的时候产生同样的信号。而如果一个细胞在科学家咀嚼巧克力的时候产生信号，那么当猴子自己咀嚼巧克力的时候也会产生信号。简直是不折不扣的"镜像"（见图 9-4）。

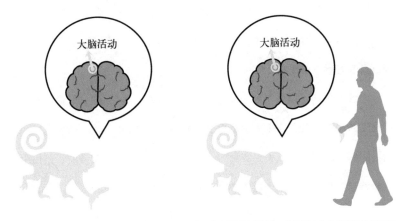

图 9-4　镜像神经元的示意图。镜像神经元是这么一种奇怪的神经细胞：它们对动物自身的某个动作有反应（比如用手拿起一个香蕉），而如果动物观察到人类在做类似动作的时候，也会产生同样的反应（比如看到科学家用手拿起一个香蕉）。在过去 20 年里，神经科学家陆续在猴子和人类的不少大脑区域中发现了具有这种奇妙属性的神经细胞，其中绝大多数都位于控制运动的区域。很有意思的是，20 年来围绕着镜像神经元的思想争论似乎远比科学进展更引人注目。对于镜像神经元功能有各种各样的猜测，比较保守的猜测是这些细胞的作用是帮助我们理解其他人的行为，更激进的猜测包括模仿学习、同情心、语言能力、自我意识，等等

镜像神经元和人工智能的自我意识

镜像神经元一经发现，就立刻激发了所有人——特别是民间科学家和科幻小说家——的兴趣。这种神奇的神经细胞能够同时感知自身的运动和对外界的观察，似乎在"我"和整个外部世界之间架起了桥梁，一下子把玄之又玄的哲学命题直接和物质世界联系在一起了。

对于神经科学家来说，镜像神经元的存在为他们解释人类大脑的很多复杂功能提供了一个可能的视角。比如，有人猜测，也许人类同情心乃至道德感的基础就是镜像神经元。因为看到别人受苦会激发那些感受自身痛苦的神经细胞，从而在大脑中产生类似受苦的感觉。也有人说，镜像神经元使得我们可以把其他人的动作与自己的思想对应起来，从而完美地解释了人类何以进行复杂的情感和智力交流。

而读者也许可以联想到，镜像神经元这种对自身感受和感官刺激有同样反应的大脑细胞恰好可以帮助我们解释自我意识和镜子实验的问题。让我们再回到前面那个"黑手党实验"：为什么我们对着镜子皱皱眉、招招手、扭扭腰，再观察一下镜子里的图像，就可以把两者联系在一起，从而知道哪个黑手党是自己？一个简单的解释就是这两件事能够激发同样一群镜像神经元。

当然我们不得不承认，从发现到今天20多年过去了，人类科学家在理解镜像神经元的道路上并没有太多的进展，所有这些猜测直到今天也仍然只是猜测而已。在今天的主流科学界，镜像神经元到底是一群什么样的神经细胞、人脑里有没有镜像神经元、镜像神经元的"镜像"特征是不是一种假象等都是争论的话题。甚至镜像神经元是"塑造人类的最重要的物质基础"和"20 世纪神经科学最大的谎言"这两种说法可以并行不悖地"一科两表"，在一向看重证据、谨言慎行的实验科学领域里实在是百世难寻的奇葩存在。但是，我们絮絮叨叨这一大套讨论下来，大家可以看到的是，至少在今天，探讨人类自我意识的本质已经不再是一个专属于哲学家的问题了。如果我们暂且接受"镜像神经元可能和自我意识有关"这个猜想，我们可以设计一系列的实验：人类有没有感知运动之外的、更复杂的镜像神经元（例如感知理性思考的）？镜像神经元是在演化史的什么时候出现的？有没有办法彻底去除动物的镜像神经元并观察动物出现了什么问题，从而更好地理解镜像神经元的功能？人类的镜像神经元和其他动物的有什么区别？这些不同是不是和人类智慧有关？最后，我们能否根据人类镜像神经元的特性，为电脑创造自我意识？

2017 年，谷歌公司的围棋程序 AlphaGo（阿尔法狗）以 3：0 完胜围棋世界冠军柯洁。尽管在此之前，计算机程序已经先后战胜了跳棋和国际象棋领域的世界冠军，但人们普遍认为，围棋可能是人类智慧的最后高地。因为相比其他棋类，围棋的可能布局数量要超出许多个数量级（约为 2.08×10^{170}，远超国际象棋的 10^{47} 种可能性。要知道，宇宙间原子的数量大约也只有 10^{80}），计算机用暴力穷举的方法不可能做到面面俱到。然而谷歌的程序员却独辟蹊径利用了深度学习的方法。AlphaGo 能够不断地自我对弈，以这种强化学习的方法持续地提高棋力。不仅 4：1 将当年的围棋世界冠军李世石斩于马下，3：0完胜柯洁，还下出了让棋圣聂卫平都忍不住"脱帽致敬"的妙手。在许多讨论人工智能是不是真的很快就要占领世界的文章里，都不约而同地提到了"自我意识"这个概念。很多人提到，AlphaGo再厉害也不过是人类工程师的编码而已，它没有"自我意识"，不知道"我"是谁，仅仅能够根据程序的指令完成任务，因此还远远不是真正的"智能"和"智慧"。因此，如何真正在机器中创造自我意识，就成了一个近在眼前的技术问题。

就凭目前科学对自我意识的粗浅理解，我很难想象人类可以很快制造出一个能够说出"我思故我在"的人工智能来。但是根据上面讲到的镜子实验和镜像神经元的故事，构造出一台能够轻松通过镜子实验的机器人倒应该不是什么难事。

从原理上简单猜想，这台机器人只需要有一个内部传感器能够监测自身的动作（比如每一个机械关节的屈伸角度、两只支撑脚的张开距离、脖子转动的扭力，等等），一个图像识别和处理模块能够自动分析摄像头采集的信息（例如从镜子里"看到"的那个机器人的样子，包括关节屈伸、脚距离、脖子角度，等等），以及一个"自我意识"单元能够比对前两者产生的分析结果就行了。当这样一台机器人信步走到镜子前，随意的摆头扭腰挥手踢腿，内部传感器和图像识别模块抓取的信息一经比对高度吻合，"自我意识"单元被激活，我们就能让机器人知道镜子里就是自己。至少从自我意识这个角度去比较，这台机器人就已经比老鼠和猴子聪明，已经和黑猩猩、海豚、大象、人类这样地球上最高级的智慧生命站在同一个高度了。

"我"到底是什么？

这肯定不对吧？我想读者一定会有这个反应。从上面的生物学研究来看，拥有自我意识应该是件非常高大上的事情。要知道几十亿年的演化史、几千千米的大地球，也不过就是寥寥几种动物有了这个能力。而且这些动物，不管怎么看都要比我们刚刚设计出这台只会照镜子的机器高级很多啊。

没错，我们中的大多数可以很容易地通过镜子实验的测试，符合"自我意识"的客观评价标准。但是其实我们并不需要照镜子也可以轻松地知道"我"这个概念，知道附加在"我"这个概念上的许多东西："我"的年龄身高、"我"的经历、"我"的价值观、"我"的情绪，等等。换句话说，不仅仅是镜子里的具体视觉形象能够激发自我意识，关于我们自己的许多抽象的记忆和思维一样可以。而这个能力，我们假想中的傻机器人显然没有。

自我意识的物质基础是什么？它到底藏在我们身体的什么角落？我们有没有可能彻底理解它，甚至利用它来设计人工智慧呢？

可想而知，这个问题回答起来非常困难。一方面，在自我意识形成的阶段（大约一岁半到两岁间），人类婴儿的身上发生了许多剧烈的变化。除了自我意识的出现，他们还开始学习自己吃饭、有了基本的音乐感知、开始能说好多词和短句子、有了更丰富的情绪（例如愤怒、失望和难过），因此想要搞清楚在这个阶段发生的哪个具体发育事件、哪个新生成的大脑区域导致了自我意识，是件非常困难的事情。

反过来，自我意识又不像一个具体的身体机能（例如走路、睡觉、吃饭、说话，等等）可以"具体问题具体分析"。例如，尽管说话本身是一件非常复杂的事情，但它毕竟还是一个相对独立的身体机能。相对而言，我们有可能找到和说话直接相关的大脑区域、神经环路乃至基因，它们一旦出了问题，人就会失去说话的能力，而其他的机能有可能保持正常。比如，我们在上一章讲过的法国医生布罗卡早在 1861 年就已经观察到有些人得了"失语症"，完全无法讲话或者没有办法把单个的词组织成连贯的句子，尽管这些人完全能够听懂别人的话。后来布罗卡发现这些病人大脑皮层的一个小区域出现了问题，因此把人类语言的机能和某一个特定的大脑区域联系在了一起。

而自我意识就很难通过类似的手段进行研究了。我们想象一下就知道，自我意识与其说是一个独立的大脑功能，倒不如说是一种可以出现在许多不同认知过程中的"附加"元素。在产生羞耻感和成就感等复杂情绪的时候，我们需要它；在思考和自己相关的前途事业家庭的时候，我们需要它；在社交合作等和其他人交流的场合，我们需要它；在控制自己身体的时候，我们也需要它……我们很难设想这种复杂机能从何而来，又有什么样的物质基础。

当然，我们至少可以去观察，大脑的哪些区域和自我意识有关。神经生物学家希望更好地理解人类"自我意识"的物质基础，他们的主要工具就是所谓的功能性磁共振成像（fucntional magnetic resonance imaging，fMRI）。这项技术的原理是通过快速扫描大脑中血管的氧气含量，推断出大脑哪些区域正在进行高强度的工作。这基于一个简单的道理，工作强度越大的区域对氧气的需求量就越大。

借用这样的手段，神经科学家很早就知道，当人脑在思考关于"自己"的问题的时候，使用的大脑区域和思考其他事情的时候是很不一样的。如果让一个成年人给自己做个评价，例如"我喜欢看书""我没有朋友"，同时记录这个人大脑的活动，会发现有几个大脑区域特别活跃；而这些区域在其他时候，例如当同一个人在评价他的朋友，或者评价一顿饭好不好吃、一张照片好不好看的时候，就沉寂下来不再活跃了。

在一项研究中，科学家要求受试者对自己进行描述和评价，或者对其他事物（一本书、一个朋友等）进行评价，同时持续不断地扫描他们的大脑。科学家发现，大脑中有一个特别的区域（图9-5中左下方的阴影区域）在人们进行自我评价时会异常兴奋。这个区域被称为内侧前额叶皮层（medial prefrontal cortex，MPFC），很多科学家认为它参与了自我意识的形成。但是人类自我意识肯定没有那么简单。比如，2012年科学家报道了一位代号为"Patient R"的脑外伤病人，这位病人大脑中的内侧前额叶皮层几乎完全被毁坏，但是他却拥有完整的自我意识。

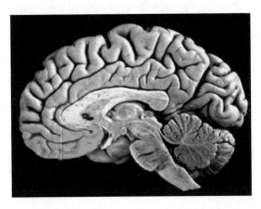

图9-5 人脑中的内侧前额叶皮层（左下方绿色区域）

　　这些发现给了我们两个提示：首先，人脑确实有能力把许多抽象的概念（例如兴趣爱好、社交能力，等等）和"我"这个概念联系在一起，对于人脑来说，自我意识远不仅仅包括认出镜子里的自己。

　　而更重要的是下面的推论：这些抽象概念，显然不是人脑自己平白无故变出来的，而是通过学习和交流获得的。比如人脑想要做出"我没有朋友"这样的判断，并且明白无误地把这个判断和自我意识相连，就必须经历交朋友、和朋友一起互动、被朋友屡次拒绝的过程；而"我喜欢看书"这样的判断，显然也需要"我"有明白什么是书、如何看、看书的时候心情如何这样的经历。"我"是镜子里那个招手皱眉的个体，"我"是考糊了被妈妈批评的小学生，"我"是饥肠辘辘时闻到的肉串香气，"我"是初次表白被女神拒绝的沮丧，"我"是拿着手电筒在被窝里偷看的郭靖黄蓉……在人类自我意识的发育过程中，并不是天生就有一个"我"，而是个体和外在世界的持续互动，综合而成了那个丰富的"我"的概念。

　　因而一个顺理成章的判断就是，真正的智慧生命与那个只会照镜子的机器人的一个本质区别就是，人类能够通过不断的学习和经历，在"我"这个概念外周包裹上大量的情景、事件、价值判断和形容词。这种丰富的自我意识和仅仅能从非常特殊的场合——照镜子——里看到自己的机器人是完全不能同日而语的。

　　比如，有一种非常特别的精神疾病——解离性人格障碍（dissociative identity disorder）——非常生动地说明了这中间的差别（见图9-6）。和正常人不同，这类病人似乎没有能力把这些丰富的经历整合到同一个"我"的

概念上去。对他们而言，某些经历、某些场景、某些形容词属于一个"我"，
而另外一些经历则属于另外一个"我"。他们可能时而认为自己是一个开朗
乐观、喜好野外运动的社会精英，还记得三年前在众目睽睽下领取行业最高
荣誉的场景；时而又认为自己是一个充满焦虑、生活"亚历山大"的城市边
缘人，经常回忆起一个月之前被老板训斥的委屈心情。更要命的是，这两个
"我"所能想到的事情和感受都是真实的。这种其实并不十分罕见的疾病，
说明将每个人所经历的一切整合到一起，形成一个复杂、动态且相互联系的
"我"的概念，是一件极其复杂又万万不能出问题的事情。

图9-6　解离性人格障碍

　　解离性人格障碍，也就是人们俗语中的"多重人格"。在同一
个躯壳内，这些患者拥有两个乃至多个彼此独立的自我意识，而这
些自我意识此起彼伏地统治着患者的思想和身体。这种疾病可能
远比我们想象得普遍，有些医生甚至认为有超过1%的人有多重人

格。有一个著名的多重人格的案例：1977 年，比利·米利根（Billy Milligan）因抢劫和强奸被起诉，但他的辩护律师成功地说服了陪审团，说明米利根是多重人格患者，在作案时是他的另外两个"自我"控制了他的身体和行为。米利根被无罪释放并进入精神病院治疗，他成为历史上第一个因为多重人格而免罪的人。

因此我们可以相信，人类智慧中的自我意识——尽管我们还远不知道它的本质——是一种和我们为人工智能设定的所谓自我意识截然不同的东西。我们的自我意识丰富庞杂，时刻经历着微妙的变化，驱动着闪烁着智慧光芒的人类的情感、记忆、交流和对未知世界的探索。而我也愿意用这个还远没有知道答案的问题来结束我们的故事。对我而言，这就像是一个隐喻：在真正理解人类智慧的道路上，还有漫漫征程等待着我们。

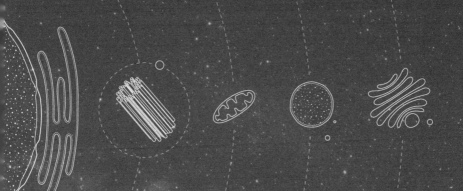

第 10 章

自由意志：最重要的幻觉

了解了人类如何感觉到"自我"，我们已经开始慢慢逼近人类智慧的核心。

我们讨论过，能够从纷繁复杂的感官输入、经验积累和人际交往中抽象出"我"的存在，能够把"我"和周围万事万物和其他人类个体截然分隔，可能是很多复杂情绪（比如羞耻感、成就感、责任感，等等）和认知功能的基石。道理也很直白：不管是羞耻、成就，还是责任，本质上都是在评价"我"做过的事情——"我"做得好了很开心，做得坏了感觉丢人，同时不管做好做坏，我都得自己担着。

但是且慢。上面这段论述里有一个小小的问题。

"我"做过的这些事情，真的是"我"所控制的吗？如果不是的话，那这些悲伤或幸福的感情，这些探索和征服的冲动，这些愿意为上述一切承担后果的决心，是不是压根儿就是一种幻觉？

换句话说，自由意志存在吗？当我们尝试着超越一切物理和生物学规律俯瞰地球生命和人类心智活动，我们人类真的是自己的主人吗？

自由意志：确实有，还是最好有？

和对自我意识的讨论一样，自由意志问题最初也是哲学家思辨的舞台，而且也是整个哲学史里最重要的话题之一。自由意志的定义在哲学范畴里有好多种，但本书主要讨论生物学问题，因此就不在哲学层面做那么深入的研讨了。简单来说，自由意志问题的主旨就是讨论一个人是否能够自主决定自己的思想和行为。或者反过来说，人类的所有思想和行为，到底是每个人类个体的自由抉择，还是在此时此刻之前所发生的所有事件导致的必然结果。

我们应该都有这样的经历：做错了事情说错了话，会油然而生"要是一切重新来过就好了"的想法。希望光阴倒转，自己能够不犯这样的错误。但是如果我们真的能让时光倒转一次，让所有的外在条件都保持不变——今天的天气，路上行人的脚步声，你在小学里受到的所有表扬和批评，你在妈妈肚子里每一次踢腿的时间……那么你是不是就可以推翻自己上一次的想法和行动，让一切真的能"重新来过"？如果你认同自由意志，那么你的回答肯定是"是"，因为你会认为人类的思想完全可以由自己控制。而如果你反对自由意志，你会马上判断"绝无可能"，因为你说错的那句话、做错的那件事，压根儿就是由这些所有看似风马牛不相及的事情决定的，光阴倒转一万次，你也还是会坚定不移地错下去！

我相信大多数人会立刻认定自由意志是存在的。一个自然而然的原因就是，如果否定自由意志，认定我们所有的想法和行为都是早已注定的，那我们的生活还有什么尊严可言（见图 10-1）？对于判了无期徒刑的犯人来说，仅仅是身体的物理活动范围受到了局限就已经是天大的刑罚，否定自由意志不就意味着我们的灵魂被判了一个刑期终身、而且被牢牢地用铁链锁定在墙壁上的酷刑吗？这样的人生和流水线上的机械手、光会下围棋的 AlphaGo 有什么区别？

图 10-1 是否有真正的自由意志？还是说，我们的心智活动是被某只看不见的手所操纵的？

　　事实上，最传统、可能也是最坚定的自由意志支持者，差不多也是从这个角度来论证自由意志的存在的。不是因为我们真的找到了什么客观证据支持自由意志，而是因为如果否认自由意志的话，会带来一系列我们不愿意承担的灾难性后果。

　　比如说，如果自由意志不存在，那么不管是杀人放火还是坑蒙拐骗，其实都不是这些施暴者的主观故意，是宇宙这个庞大系统里数不清的历史事件的必然结果，那我们怎么能去惩罚这些施暴者？杀人犯手中的枪不是自己扣动扳机的，所以我们理所当然地不会判一把枪杀人罪；如果杀人犯扣动扳机的决定也不是他自己做出的，我们又凭什么判他杀人罪？可是如果取消了一切法律和道德的责任，人类社会的秩序又该怎么维持下去？或者反过来我们可以问，如果自由意志不存在，我们还需不需要努力让自己变得更好？或者更极端点，我们还有没有能力通过努力让自己不要变得更坏？每个人都放弃了自我约束和进步动力的社会，该有多么恐怖和绝望？

这听起来确实不太好。

实际上，还有研究者设计过实验来验证这一点。2002年，美国犹他大学的科学家设计过这样一个实验，他们让一半的受试者先阅读一些文字材料，内容是"自由意志并不存在"；而另一半受试者阅读的则是与此无关的材料。结果研究者发现，那些受到过提前暗示、觉得自由意志不存在的受试者，在考试中作弊以及多拿不属于自己的奖励的概率要大得多。这个研究当然不能证明或者证否自由意志是否存在，但是它生动地展示了拥有自由意志这个感觉对于我们有多重要。

不过读者应该也有足够的理性可以告诉自己：不是我们希望有的东西就一定是真实存在的，梦想成真那只是美好的愿望而已。从哥白尼的太阳中心，到达尔文的猴子变人，科学发现已经无数次把人类从宇宙中心唯我独尊的地位上拽下来了，真要是科学证据证明人类的自由意志不存在，也无非是历史又重演了一次而已。

好了，开始给大家讲讲科学故事吧。作为一个神经科学家，我个人的观点是，人类的自由意志应该就是个美好的幻觉。自由意志即便真的存在，也绝对不是我们想象中那个遨游自由王国、思想随风起舞的样子。

本能不自由

首先我们来讨论一个没那么"高级"和"智慧"的领域：本能行为。

一般而言，在哲学家和心理学家讨论自由意志问题的时候，本能行为是被排除在外的。但是既然我们开启的是神经生物学的讨论，本能行为就是不可避免的第一站。

在连续埋头工作几个小时之后，我们突然会感觉饥肠辘辘，想来一碗热气腾腾的海鲜面；在烈日下挥汗如雨，会觉得口干舌燥，这时候送上来一碗绿豆汤，能喝得如长鲸吸百川；困倦的时候想睡觉，想和亲爱的人共度良宵；看到孩子跌倒想要伸手抱抱，遇到危险想要逃跑或躲避……这些都是最基本的本能行为。实际上出于显而易见的原因，在人类之外，哪怕是最简单的动物也都或多或少地存在这样的本能行为。

解释本能行为就不太需要自由意志的参与了。

比如在心理学层面，美国人克拉克·赫尔（Clark Hull）早在20世纪40年代就提出了所谓"内驱力降低"的理论（见图10-2）来解释本能行为。以饥饿为例，"吃饭"这个驱动力就像是木桶里的水，离上一顿吃饭的时间越长，身体内能量水平越低，木桶里的水就装得越多，水桶承受的压力就越大，饥饿感就越强。怎么解决这种压力呢？很简单，赶紧饱餐一顿就行。就像是在桶底开一个小口，把水给放掉，水的压力就能迅速降低。一日三餐的循环，本质上都可以看成这只盛放吃饭驱动力的木桶周而复始地装满、放空、再慢慢装满的过程。

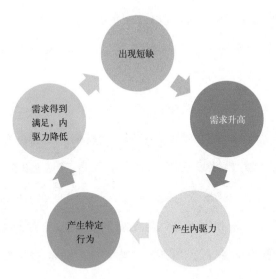

图 10-2 内驱力降低理论。在这种负反馈的理论框架下，本能行为本质上是由于内驱力产生的，而它的目标则是降低这种内驱力

很显然，在这个解释里不大需要什么高级认知功能的参与。实际上我们每个人大概也有这样的感觉：非常饥饿的时候想吃东西、吃尽可能多的东西的欲望几乎是难以控制的，对食物品质的要求也会随着饥饿程度的提高而迅速降低——真正字面意思上的"饥不择食"。这件事用上述的木桶理论就很容易理解了，特别饥饿的时候，水桶里的水装得特别多，压力特别大，因此只要有个小孔（食物），水（吃饭的动作）就会倾泻而出。

在神经生物学的层面，我们还可以为本能行为给出更细致的物质解释。

还是以饥饿为例。如果长时间不吃饭，动物体内会发生许多化学变化：血糖水平降低，胃排空，还有很多激素的水平会发生变化。这些变化最终会直接或者间接地汇聚到大脑中一个名为"下丘脑弓状核"的狭小区域。饥饿的时候，这群细胞被激活，吃饱了以后又重新沉寂下来。

你可能已经发现了，这群细胞的活动规律和赫尔模型里的水桶是不是很像？

2005年，华盛顿大学的研究者发现，如果杀死小老鼠体内下丘脑弓状核的某些神经细胞，小老鼠在出生后根本不会找东西吃，很快就会饿死。而到了2011年，美国珍妮莉亚农场研究所的研究者证明，如果激活同样的一群神经细胞，那么小老鼠哪怕是已经吃饱了，也会立刻重新进入胡吃海喝的模式（见图10-3）。换句话说，这群特别的神经细胞，也许就是饥饿的物质基础。这群神经细胞的活动就意味着"饥饿"和"想要吃东西"，这种状态只有美食入腹才能解除。吃，或者不吃，在很大程度上是被这群神经细胞所限定的。

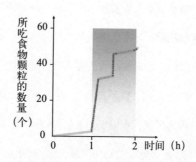

图10-3 利用光遗传学的方法研究小鼠神经细胞。其中，蓝色阴影是蓝光照射的时长

当然，我们可以继续提出挑战，也许这些研究确实说明"饥饿"这种感觉是生物学层面的，是不以主观意志为转移的。但是哪怕确实感觉到了饥饿，到底吃不吃这个决定总是可以由"我"来做吧？比如，"志士不饮盗泉

之水，廉者不受嗟来之食"。人的道德感、价值观（换句话说就是更高级的认知功能）还是可以影响控制本能行为的呀。

实际上赫尔这套理论遇到的最大的挑战就在这里。简单的内驱力降低理论没办法解释人类更为复杂的行为，比如为了坚守价值观忍饥挨饿，或者为了单纯的享用美食把自己吃撑。

但是即便是本能行为的输出，也并不是随心所欲的，人类的高级认知功能可以施加影响，但是却不能颠倒乾坤。

比如研究者很早就发现，多巴胺（见图 10-4）这种化学物质很可能和本能行为的输出有关系。多巴胺是一种小分子化学物质，负责神经细胞之间的通信联系。小老鼠体内如果缺乏这种物质，它们看起来就是一副懒洋洋了无生趣的样子，不怎么移动，也不怎么吃喝，对交配什么的也提不起兴趣。非常惊人的是，这些老鼠哪怕非常饥饿，哪怕食物已经送到面前，它们也不大会去吃；但是如果把食物直接送到它们嘴巴里去，它们还是会大口吞咽的。这说明，这些缺乏多巴胺的小老鼠能够感觉到饥饿，它们只是不管再饿也没办法输出"找东西吃"这个行为而已！

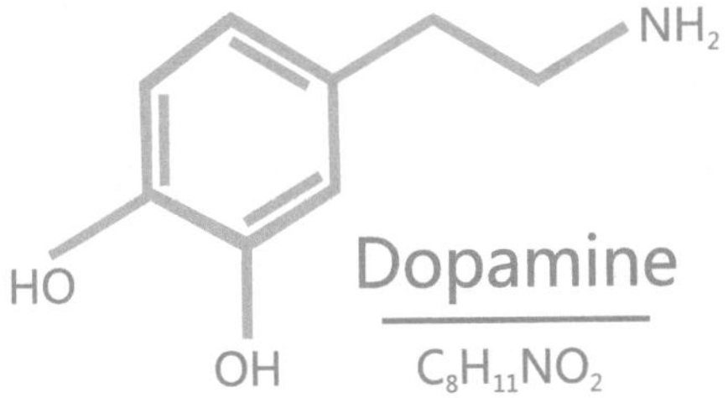

图 10-4　多巴胺。它负责在大脑神经细胞之间传递信号，对于动机的产生非常关键

因此，按照这样的逻辑，对于本能行为来说，不管是感知到需要（比如"饥饿"），还是产生一种行为满足这种需要（比如"找东西吃"），都可以用简单的神经信号来解释。在此之上，高级认知功能的影响即便存在也不是必须和随心所欲的。

人类心智：白板还是蓝图

讨论到这里，你应该理解了，为什么许多比较"低级"的、本能的感受和行为是不自由的。它们在很大程度上可以看成是一套检测-反应系统，就和生活中司空见惯的自动控制系统（例如刷卡进门、停车过杆、烟雾报警，等等）没什么本质区别。即使没有自由意志，它们也可以工作得好好的。

生物体内的这套检测-反应系统甚至都不需要学习（设想一下呼吸、眨眼、饿了吸吮奶头这些动作）。换句话说，在每个动物个体从受精卵开始发育成熟的过程中，我们体内蕴藏的遗传物质就已经指导完成了这套系统的建造，并且让它自动开始运行了。

那更复杂的心智功能呢？我们人类的智能、情感、人格、习惯乃至价值观、道德准则这些东西呢？直觉上，这些显然更"高级"的心智功能似乎不太可能是天生的。毕竟我们谁也没见过哪个小孩儿一出生就会看书写字，就能谈古论今，对吧？

但是这是不是意味着人类高级的认知功能就是一块白板，可以任由父母、家庭、学校、朋友和自己在上面绘制最新最美的图画？是不是意味着至少在高级认知功能的层面，我们每个人还是能对自己有决定性的影响力？

这个就不一定了。

这个问题又被称作先天和后天之争（Nature v.s. Nurture），其实可以看作遗传学版本的"自由意志"问题。如果人类的高级认知功能是先天的，一出生就带有遗传物质所绘制的蓝图，那所谓自由意志就无从谈起。反过来，如果这些功能在刚出生的时候还是一块白板，完全是后天形成的，那至少人类作为一个整体还是能对它产生巨大影响的，不管是通过别人（例如父母和老师），还是通过自己。

从20世纪末期开始，人类科学家开始主动探究这个其实细想起来有点敏感的问题。他们的研究方法特别值得一提：双生子研究（见图10-5）。这类研究巧妙地利用了一个遗传学的现象：如果一对双胞胎宝宝是从同一个受精卵分裂而来的（所谓同卵双生），那么他们几乎共享100%的遗传物质；如果他们是由两个同时受精的卵子发育而来的（所谓异卵双生），那么他们共享的遗传物质就只有大约50%。而两个随机配对的同龄孩子，彼此间遗传物质的相似性就会更低了。

也就是说，如果某一个指标——可以是身高这种有形的生理指标，也可以是智商这种复杂的心智指标，甚至可以是价值观、幸福感这种看起来虚无缥缈的指标——在同卵双生之间高度相似、异卵双生之间比较相似、随便两个孩子之间不那么相似，那我们就可以放心地说，这项指标确实受到了遗传蓝图的影响，并不是一块白板。反过来，要是某个指标不管是什么样的配对，差异度都差不多，那我们就知道这项指标和遗传关系不大，主要是后天环境的塑造。

图 10-5 双生子研究。图中是 NASA 做的一个特别有趣的案例，这两位宇航员（Scott Kelly 和 Mark Kelly）是同卵双胞胎兄弟。在 2015~2016 年，Scott 在国际太空站执行任务，而 Mark 则待在陆地上。之后，NASA 通过比较两人的各项生物学指标（包括他们的基因组信息）来研究太空生活对人的影响。同卵双胞胎成了最完美的对照

比如，我们可以以身高为例来分析一下双生子研究的结果。20 世纪 80 年代末，美国明尼苏达大学的科学家陆续登记了整个明尼苏达州登记在案的双胞胎（11~17 岁），持续追踪和分析了他们的各种生理和心理指标。他们发现，身高可能是受遗传因素影响最大的生理指标之一：人与人之间身高

的差异，约有 80% 是遗传因素决定的。比如，如果你在美国遇到一个身高 190 厘米的成年男性，你马上可以心算一下：美国成年男性的平均身高是 178 厘米，因此，在此人超出平均数的 12 厘米身高中，有差不多 10 厘米是遗传的贡献，剩下的 2 厘米才是环境因素的影响（如童年喝没喝牛奶、晒太阳够不够、上学期间锻炼身体的时间有多少等各种因素）。

而更能支持双生子研究结果的是所谓的"养子"研究。从 1979 年开始，明尼苏达大学的托马斯·博卡德（Thomas Bouchard）就开始寻找和研究从小因为种种原因被分开在不同家庭里养育的同卵双生子，以及那些从小就在一起长大、但是彼此毫无血缘关系的孩子。养子研究的结果再一次证明了遗传的力量。还是拿身高做例子吧。养子研究的结果证明，一对同卵双胞胎，不管是从小一起长大，还是各自分开在天涯，身高的相似性都非常高。而反过来，两个没有血缘关系的孩子，就算是从小一起长大，他们之间身高的相似性，和路上随便拉两个陌生人一样低！

利用这样的研究方法，人们进一步发现，人类的心智指标，从智商到记忆力，从幸福感到自信心，甚至是政治倾向和宗教信仰，遗传都是最大的影响因素（见图 10-6）。而且世界各地的研究者都得到了差不多同样的结果：在绝大多数指标中，遗传的贡献率都在 50%~70%。也就是说，从受精卵形成、生命孕育的那一刻开始，遗传物质就已经为我们每个人的心智准备了一张蓝图。之后的养育、成长、学习、交友，都是在这张蓝图上修修补补、写写画画。但是心智的大致模样，却不太会有剧烈的变动了。

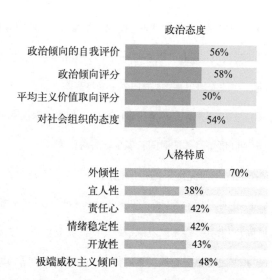

图10-6 遗传因素对人类的影响。研究发现，不光是人格指标，即便是看起来绝非"自然"的政治倾向，包括意识形态倾向、对独裁的看法、对平等的看法，等等，也在很大程度上受到遗传因素的影响

　　这些有点宿命论和决定论色彩的发现一经出炉就引发了激烈的争论，并且一直持续到今天。首先出现的当然是前面聊过的伦理学和法律层面的讨论：如果心智在出生时已经基本成形，那我们又有什么权利去惩罚犯罪行为，惩罚犯罪行为对潜在犯罪又有什么震慑和遏止意义？比如前面手枪和杀人犯的例子，如果开枪杀人的一瞬间，扣动扳机的决定其实（在很大程度上）是杀人犯身体内的遗传物质做出的；如果人生终点在他还是一枚受精卵的时候就已经被隐隐约约地设置，从小到大所有的喜怒哀乐、悲欢离合，都不能阻止一根看不见的细线拉着他走向这个终点……那在法律和道德责任的层面，他和一把手枪又有什么区别？

　　而双生子研究的影响还不止于此。如果智力、人格、世界观这些东西在出生的时候就已经确定，那教育（不管是家庭教育还是学校教育）的意义是什么？鼓励每个人认真学习、坚持奋斗、与人为善、做更好的自己、为更好的世界努力，到底究竟能起多大的作用？没错，每个具体的知识点、每次具体的行为和场景，总还是需要后天获取的，但是如果遗传决定了我们每个人是如何获取、分析、理解和应用这些具体的成长经验的话，那世界大同是不是永远不可能实现？

当然，我们必须指出，迄今为止我们并没有发现任何一种心智指标是100% 由遗传因素决定的。这或多或少可以给我们一些信心，尽管人类心智的蓝图可能早已绘就，但是我们仍然有机会用一生的时间对它精雕细琢，浓妆淡抹。因此，也许一个更积极的心态反而是：接受这张心智蓝图存在的事实，努力去理解它长什么样，它最美好的部分和最丑陋的部分在哪里，然后再去努力把它修改成自己想要的样子。

在下定决心的一刻，选择早已做出？

不管是道德责任、本能驱动，还是遗传因素，迄今为止我们探讨的都还是"自由意志"问题的背景。即便读到这里，上述所有观点你都欣然接受，你是不是仍然会觉得，至少在某时某刻，你做一个具体的决定的时候，你还是自由的？

比如，饥饿当然会让我想吃，但是走进饭馆之后是点炸酱面还是肉夹馍，这个决定总还是我自己做的吧？也许一个杀人犯确实带有遗传的强烈暴力和反人类倾向，也许他真的不可避免地会参与暴力犯罪，但是当他真的提枪出门的时候，是打算看到目标马上开枪，还是先询问对方的身份之后再开枪，这件事总是他自己决定的吧？

也就是说，尽管遗传因素和本能已经绘制了我们一生言行的蓝图，但是蓝图上每一个细节处的涂抹和着色，总还是有自由意志存在的吧？

这个问题已经超越科学、哲学和法学讨论的范畴，触及人类尊严的核心了。如果我说的每句话，做的每件事，哪怕是遇到不开心的事轻轻皱起的眉头，或者是开心大笑时嘴角弯起的弧度，都不由我自己决定，那我作为一个智慧生命存在又有什么意义呢？

因此，1985 年美国加州大学旧金山分校的本杰明·里贝特（Benjamin Libet）发表的研究结果是如此地让人震惊和不舒服。在这项研究中，里贝特给参与实验的人戴上装满微型电极的头套，借此来记录每个受试者的脑电图（见图 10-7）。这种技术能够反映大脑中大量神经元的活动规律，在今天的临床应用中也很常见。然后，里贝特让受试者完成一些简单的任务（比如按一下手边的按钮），他用了一个巧妙的办法分别记录了每个人实际按动按钮的时间，以及他/她有意识决定要按动按钮的时间，发现两者之间有大约 200 毫秒的时间差。

这个时间差本身一点也不奇怪。从下决定到做决定有个时间差，大家基于日常经验也能理解。但是里贝特同时还利用脑电图的信息发现，实际上比我们做决定要按按钮的时间再早 300 毫秒，我们大脑的神经活动已经清楚地显示出"决定要按按钮"了。也就是说，当我们以为自己在自由地做出一个决定的时候，我们其实只是在按照大脑已经为我们准备好的决定行事而已。所谓"自由"，只不过是一个假象！

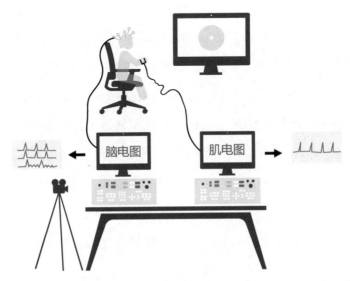

图 10-7 里贝特实验示意图。受试者头戴电极，手里可以按动一个按钮，同时盯着一个示波器屏幕，上面有一个光点到处游动。受试者需要在做出决定的时刻，记住屏幕光点的位置（以此计算具体时刻）。受试者的大脑活动以及按动按钮的时间也被记录了下来加以比较

就像我们上面所讨论的那样，这项研究是在从根本上动摇自由意志的基础。不要说我们的心智会受到遗传、环境和本能驱动的潜移默化影响了，即便是一个个具体的决定，实际上大脑也会在我们尚不知晓的时候悄悄做出。或者我们可以做一个更极端的推论：人的认知活动看起来在指导我们的一言一行，但它其实是"事后诸葛亮"。与其说它是指导者，倒不如说它是个观察和记录员。它所做的，只是把大脑指导我们的身体进行的行动加以总结提

炼，然后呈现在我们的思维当中而已。

当然，对于里贝特实验的发现，我们可以想出许多聊以自慰的理由来。比如在里贝特实验里，从脑电图出现信号，到受试者报告说"我决定要按按钮了"，到他／她真正按下按钮，一共满打满算也才半秒钟的时间。受试者报告的时候稍微有点主观偏差可能就会倒因为果。我们也可以设想，随机决定按不按按钮这件事太愚蠢了，可能真的不需要动用高贵的"自由意志"。

但是在 2013 年，这些理由似乎又都没有存在的必要了。德国神经科学家约翰－杜兰·海因斯（John-Dylan Haynes，见图 10-8）的实验室进一步改进了里贝特的研究。这一次，他们让受试者做一个看起来更复杂、似乎需要真正的心智活动的任务：面对一组数字，选择是给它们做加法还是做减法。同时，海因斯用功能性核磁共振成像的方法取代了精度不够的脑电图，来记录受试者人脑不同区域的活动。海因斯发现，在人们有意识地做出"加法"或者"减法"的选择之前，人脑的活动已经呈现出了某种程度的区别——而这个时间差可以长达四秒钟！

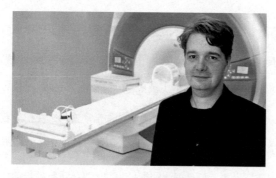

图 10-8　海因斯站在一台功能性核磁共振成像仪前

里贝特和海因斯的研究让许多神经科学家坚定地认为自由意志根本不存在——因为早在人们自以为自由选择的那一刻之前，真正的选择就已经注定了。当然反过来，也有同样多的哲学家认为这种理解压根儿就是在曲解自由意志的定义。他们反问道："难道吃炸酱面还是肉夹馍的决定就不是自由意志了吗？尽管是人脑在无意识状态下做出的，但它同样是这个个体自己做出的选择啊！"但是不管怎么理解，我们至少可以保守地说，自由意志即便存在，也完全不是普通人脑海中所设想的那个样子。我们幻想的那种在无垠的心智空间里自由遨游，引导着自己的人生向着任何一个方向去的意志"精灵"，大概率是不存在的。这个精灵的游走方向既受到遗传蓝图的规范指引，也会受到一生生活环境和阅历的牵制调节，最后它还不得不在意识之下的大脑活动中逐渐成形——无论如何，它的选择谈不上多么"自由"。

哪怕自由意志不存在，我们还是我们

但是这一切是不是意味着人类智慧彻底失去了神圣的地位，我们每个人不过是基因和大脑活动的奴隶，只能像提线木偶一样走完自己的一生？

当然不是。

为了证明这一点，我们可以考虑一个简单的问题：如果我们所有的选择都是提前数秒被大脑悄悄规划好的，那我们能活多久？

大概不会超过一天。这样的我们出门会被车撞飞，吃饭会被噎死，切菜必然会切断手指。原因很简单，每个决定都得提前几秒做好，我们的身体怎么可能对快速驶来的汽车、呛进气管的食物、飞快切下的菜刀产生即时反应？

其实，魔鬼在细节中，海因斯实验的数据也说明了一些问题。是的，在做出加法或者减法的决定前四秒，大脑的活动已经呈现出了差异。但是特别需要注意的是，这种差异远不是一锤定音性质的：如果根据大脑活动的图像倒推受试者到底做了什么决定，正确率只有 60%——当然比瞎猜高得多（瞎猜的正确率是一半），但是距离完全可以预测还差得远。这个细节的提示是，也许大脑在四秒之前所做出的并不是"决定"本身，而是一种倾向性，一个预案，或者说一个准备。其实海因斯自己也在之后的研究中证明，即便到最后一刻，人脑仍然可以强行否决之前准备好的行动方案。

因此，也许我们可以这样理解自由意志：没错，完全自由的意志是不存在的。但是不管是遗传因素，还是大脑的神经活动，都在为最后一刻的决定绘制蓝图，准备草案。最后，我们的心智仍然有机会为自己的言行做一锤定音的决断。

同时也不要忘了，在（任何）一个决定之前的整整一生，我们其实都是在为它做准备。我们受到的教育、阅读的书籍、走过的旅途、相交的朋友……这一切都用这样那样的方式进入了我们的心智世界，然后用一种我们尚不明了的方式参与到这个决定中来。而这一生的故事，我们仍然还是有着相当多的主动权。

甚至可以说得更远一点，综合全部人类智慧所做出的任何决定，背后都带着亿万年演化历程的深深印记。

在数十亿年前的原始海洋里，我们的祖先学会了利用能量，学会了自我复制，也学会了为自己建筑细胞膜这道分离之墙。从那一瞬间开始，几十亿年的光阴一闪而过，地球生命之树仿佛一夜之间树大根深，枝繁叶茂。站在树梢的我们，身体里有三叶虫的影子，有蚯蚓的影子，有鱼的影子，有恐龙的影子，有黑猩猩和南方古猿的影子……我们所看到、生活着的这个世界，他们也曾经看到过、生活过。我们的智慧和决定，从离开非洲到建立村庄，从种植大麦到书写文字，从建立国家到飞向月球，其实都是亿万年演化历程中所有祖先们的智慧和决定。

是的，我们不是真正自由的，而且永远不会获得这种自由。但是，我们仍然可以负重前行，带着亿万年生命演化历史的荣光，带着人脑中独一无二的自我。

不管是宇宙空间还是认知疆域，我们的祖先把我们带到了黑暗和光明的边界。身后是温暖的人类家园，面前是暗夜沉沉的未知征途。而在每一代人类中，都会有人高举火把，义无反顾地前行，让人类智慧的光，星火燎原。

也许，这就是自由的含义。

尾声

关于生命，我们知道的和
我们不知道的

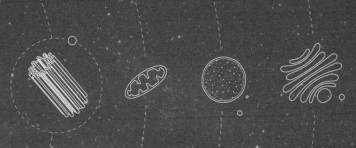

"我们必将知道，我们必须知道。"

——大卫·希尔伯特（德国数学家）

目前为止，本书可能会给你一种错觉，即地球生命的终极秘密行将彻底大白于天下、人类智慧无往而不利。但是其实关于生命的秘密，我们所了解到的仅仅是冰山一角。

2002 年，时任美国国防部长的唐纳德·拉姆斯菲尔德（Donald Rumsfeld）在一次新闻发布会上如此答复记者对伊拉克是否确实拥有大规模杀伤性武器的质问：

> 有些事是"已知的已知"，我们知道自己知道这些事。有些事是"已知的未知"，我们知道自己不知道这些事。但还有些事是"未知的未知"，我们压根儿就不知道自己对这些事其实一无所知。[①]

这段非常饶舌的话几乎立刻沦为社交媒体上广为流传的笑柄，被改编成歌词、诗句和俚语。但是在我看来，拉姆斯菲尔德这段话用来为布什政府入侵伊拉克做辩护当然显得理屈词穷，但是实实在在地说明了人类智慧对真实世界的认识局限。

我们自以为了解了这个世界的很多细节，但是实际上，对于更多的细节，我们仍然没能看得足够清晰和完整。而更令人敬畏的地方在于，在人类目光所及之外，在真实世界的重重暗影里，还隐藏着海量的细节和信息，而我们人类压根儿就没有意识到它们的存在！

---

① There are known knowns; there are things we know we know. We also know there are known unknowns; that is to say we know there are some things we do not know. But there are also unknown unknowns – the ones we don't know we don't know.

先来总结一下本书探讨过的"已知的已知"。

物质、能量、自我复制，这三个要素共同构成了地球生命的基石。如果把今天的地球生命比作辉煌的大厦，那 DNA、RNA、蛋白质等物质就是这座大厦的钢梁和砖瓦。来自外部世界的能量摆脱了热力学第二定律的约束，像一个高明的建筑师，搬运着这些物质修建出生命的大厦。在几十亿年的地球生命史上，生命大厦则是靠（不那么忠实地）复制自身来抵抗命中注定的意外、衰老和地球环境的变迁。

慢慢地，复杂生命诞生了。细胞膜这道"分离之墙"的出现将生命的三要素（物质、能量和自我复制）严密地包裹和保护起来。生命活动的规模从纳米级别的分子尺度扩展到微米级别的细胞尺度。在物质和能量的近距离碰撞中，更复杂的生命活动接连涌现，多种多样的单细胞生命也被持续筛选出来。在此基础上，当单细胞生命的后代决定不再各奔东西，而是粘连在一起共同生活，多细胞生命的出现反而显得顺理成章。多细胞生命允许身体细胞放弃一些功能（比如繁殖）换取一些更强大的功能，为每一个身体细胞提供表演的舞台。在辉煌的生命大厦内，不再是一间间千篇一律的低矮房间，而是有了流光溢彩的外墙、灯火通明的大堂、私密安静的会客室、带落地窗的顶层办公室、中央机房……每一个房间都可以被赋予独特的意义。

在复杂生命的舞台中央，智慧在万众瞩目中最后登场。一类特别的身体细胞——神经细胞——出现了。这群细胞开始睁开眼睛，指挥身体的运动，主动探索身边的危险和机遇；这群细胞开始学习和牢记经验与教训，试图熟悉和适应这个多变的世界；这群细胞甚至开始呼朋引伴，将孤军奋战的单个动物组织成千军万马和伟大社会。而在我们人类的头脑中，这群细胞甚至开始让我们明白"我"是谁、"我"想要做什么。于是，带着自我的骄傲和永不安于现状的探索意志，人类走遍了世界的角落，并且开始向往星辰大海。

然而，在这些伟大事件的背后，恒河沙数般的"已知的未知"一直在困扰着我们。对这座我们容身其间的地球生命大厦，我们只来得及远远地投上一瞥，还有太多的建筑细节仍旧面目模糊。

驱动生命活动的蛋白质分子为什么都是由 20 种氨基酸组成的？原始地球海洋中肯定诞生过更多的氨基酸分子，那些氨基酸因何被废弃？同样的道理，为什么 DNA 和 RNA 不约而同地使用了四种结构单元（核苷酸）？深海白烟囱是否确实是生命的摇篮？第一个利用环境能量驱动生命活动的分子机器是什么？ RNA 世界的假说是否真实反映了生命的起源？如果当真如此，第一个 RNA 生命是什么样子的？细胞膜究竟是天外来客还是在地球上土生土长的？除了薄薄的磷脂双分子层，地球生命为什么没有发展出任何别的办法来隔绝环境、包裹自己？

多细胞生命应该在地球上反复出现过数十次，它们当中的大多数都没有繁衍到今天。那些不幸的多细胞生命谱系究竟是因为什么原因崩塌的？当多细胞生命体内出现有史以来第一个不听话的癌变细胞时，生物体有没有准备好应急预案？永生的生殖细胞会不会偷偷发布一个隐秘的指令，借此约束所有的体细胞不要蠢蠢欲动？多细胞生命的寿命是如何决定的，为什么会同时存在命如朝露的蜉蝣和千万年不死的大树？

而在智慧生命的大脑深处，我们尚未了解的细节就更多了。时至今日，我们固然开始了解各种感觉信息是如何被收集的，但是对于这些感觉信息是怎样在大脑深处被重新组装成一个天衣无缝的虚拟世界的，我们仍然几乎一无所知。我们连对大脑如何识别像一根线段这样最简单的形状、如何区分咖啡和玫瑰的香气等看似简单的问题都没有什么头绪。对于大脑如何组织和理解语言，如何形成抽象概念，如何凭空构思出一段故事并且活灵活现地分享给同类，就更是只知道一鳞半爪的模糊线索了。而且更让人沮丧的是，从语言到情感，从自我意识到世界观，大脑中有太多的秘密很可能是人类专属的。但我们到底有没有能力研究和了解自己呢？毕竟我们不可能对同类做有潜在破坏性的研究，人类个体的成长和生活环境也千差万别，根本不可能被严格控制，那么，对人类个体的研究在多大程度上是可行并且有说服力的？

而在这些仍然比较宏观的"未知"之外，我们也必须无奈地承认，生命（从单细胞细菌到人体）是一个复杂系统，其复杂性远远超过人类研究过的任何对象。粗糙地估计一下，在人体任意一个细胞内都会有上万种、超过10亿个蛋白质分子同时存在并开足马力工作。从某种意义上说，想要理解区区一个细胞的生命活动，我们得对这10亿个蛋白质分子的分布、数量变化、三维结构和彼此间的协同作用都有深入的理解才行，而且还必须考虑到这一切都发生在几百到几千立方微米、几纳秒到几微秒的时空范畴内。这还仅仅是一个细胞，而人体有上百万亿个细胞，这上百万亿个细胞都来自区区一个细胞的不停分裂，而且这上百万亿个细胞之间还会互相协作……我们不得不承认，对于理解生命现象，我们缺乏的可能不光是知识，还有观察和分析复杂性的技术手段、数学工具乃至世界观。

技术手段、数学工具和世界观的缺位，其实也在提醒我们，在生命世界里还有更多"未知的未知"等待着我们。对于这些细节，我们甚至都不知道该去哪里寻觅。

我们可以换个方向来理解"未知的未知"问题。有没有什么东西可以作为宣告胜利的标准？也就是说，有没有某件事情，当我们最终做到了，就可以宣称对于生命现象我们已经理解到位了，就算仍然欠缺一些细节，但是至少已经不存在"未知的未知"了？

答案很容易想到——如果我们能够在实验室里从无到有地制造出一个（哪怕是非常粗糙简陋的）有机生命，它能够存活，能够繁衍，能够和环境互动，那么我们就可以说，关于生命，我们已经知道得足够多了。

但是很遗憾，这一天仍然遥不可及。这并不是时间或者资源层面上的问题，而恰恰是与如前所述的技术手段、数学工具和世界观有关。因为缺乏观察和分析复杂系统的能力，我们对生命现象的理解，很多时候仅停留在"我们知道这个东西重要"的水平上。比如，给我们一座核反应堆或者一枚长征火箭，我们能够通过零敲碎打的盲目测试知道，某个零件很重要，没有了它，反应堆就会出现蒸汽泄露；某个阀门很重要，如果关得太严，反应堆的外壳温度就会失控；某个管道特别关键，如果扩宽它，火箭的升空速度就会提高……可想而知，如此收集来的信息当然重要，而且还可以持续拓展我们的认识水平，但是这些信息很可能根本不能教会我们如何用一堆零件制造核反应堆或者长征火箭。

以书中的故事为例。细胞内的微型水电站——ATP 合成酶蛋白——为许多地球生命提供了能量来源。关于这个蛋白的工作原理和发现过程，我们已经详细描述过。但是，为了生产哪怕一个 ATP 分子，地球生命需要的东西要远远超过 ATP 合成酶蛋白本身。它自己是怎么被生产出来的？又是如何被运输到特定的地点，然后准确地插入细胞膜（或者线粒体膜）的？当这个蛋白使用老化、破损之后，是什么质检系统及时发现并且替换它的？这个蛋白是如何判断生命对能量的需求，然后选择开足马力或者怠速运转的？它工作所需的氢离子浓度是怎么产生和维持的？我们必须搞清楚所有这些问题，才有可能在实验室或者计算机里从无到有地创造出这座微型水电站。

第二个类似的例子是学习过程中的"裁判"蛋白——NMDA 受体。我们说过，这个蛋白能够判断两个相连的神经细胞是否同时开始活动，据此开启和关闭学习过程。可想而知，仅有这一个蛋白是无法完成学习的，哪怕是最小单位的两个神经细胞之间的学习。神经细胞自身如何产生？两个神经细胞之间如何产生联系并建立突触？在 NMDA 受体蛋白检测到同步活动，神经细胞被动员起来增强彼此间的突触连接，到底发生了多少生物化学事件，又需要多少蛋白质分子的参与？同样地，我们必须搞清楚所有这些问题，才有可能在实验室或者计算机里从无到有地创造出最小单元的学习过程。

而等这些微观层面的问题一一得到解决之后，我们才能着手从无到有地创造宏观生命现象。怎么实现受精卵到百万亿个人体细胞的分裂增殖？怎么保证每个新生的体细胞知道自己要往哪里去，命中注定的工作任务是什么？大脑中的神经细胞究竟应该与谁联系在一起？哪些神经细胞应该在出生前就联系好，保证婴儿一出生就会哭会呼吸会找妈妈的奶头，哪些应该保持待命状态，等待新世界的感官和经验的输入？

而如果说到人类智慧，可能更适当的检验方法，是根据人类已知的生物数据建立算法，在计算机中重演神经系统的运算和信号处理逻辑。

我们知道，视网膜细胞采集的光学信号经过初步加工就可以编码光点的位置和光条的朝向，那有没有可能构建出一套算法能够重现这个过程，乃至重现人脑"看见"图画、文字和人脸的过程？我们知道，人工智能算法已经可以在围棋、国际象棋和扑克牌上完胜人类，但是这一切都基于海量数据和训练过程。我们能否重建人脑学习和记忆的过程，实现真正意义上的"小数据"学习？要知道，人类的真实学习场景几乎都是从极端有限的信息中总结经验。我们又何时能够用算法模拟人类情感，实现社会交流，创建机器的自我意识和自由意志？而如果这一切成真，那将是人类智慧的永恒丰碑，还是人类葬礼开始时的安魂曲？

说到这儿，你应该能接受如下判断：对于地球生命和智慧，别说今天的我们远没有做到深入理解，即便是要给出一个关于我们到底能不能最终理解、什么时候能最终理解、可能通过什么思路和途径得到这一理解的猜测，都显得过分轻狂和盲目。

但是，我还是希望提醒你，在本书第 1 章开头我们说过的那种理解生命的自信心。这种自信来自从灵魂论到薛定谔的探究，来自米切尔和他的化学渗透，来自 DNA 双螺旋，来自休伯和威瑟，来自在过去千百年来人类英雄带领我们穿过一片又一片黑暗空间，并最终用智慧火炬照亮的我们脚下的方寸之地。

关于生命，关于智慧，关于我们自己，我们知道一些，我们不知道许多，还有更多东西远在想象之外。

但是，我们必将知道，我们必须知道。

后记

谢谢你一路阅读到这里。

写作本书不是一次特别轻松快意的旅程。我断断续续写了两年多的时间，中间无数次想要停下来不再继续——因为很多时候，光是想想这些话题就会让我觉得沉重得无法动笔。我猜想，阅读本书可能也不是一次特别轻松快意的体验。在这本小书里，我尽力试着勾勒出塑造地球智慧生命的关键。但面对40多亿年的地球生命史，即便是浮光掠影，我也仍然觉得笔下有斗转星移，有沧海桑田。

然而我猜想，作为读者，你可能会问出的一个自然而然的问题是：这一切究竟与我何干？实际上，在写作的时候我也经常会问自己这样一个问题。

在电闪雷鸣下的原始海洋中诞生的氨基酸，第一个学会笨拙地自我复制的 RNA，海底白烟囱附近的细密孔穴，密集的钠离子蓄积起丰沛的能量，海水表层的海藻细胞对着阳光睁开了它的眼睛，一只硕大的乌贼游过，害羞的海兔紧紧蜷缩起自己的鳃，一只回巢的工蜂自顾自地跳起仪式般的舞蹈……这个人类眼中的五彩世界，究竟是真实的存在，还是一切都是"缸中之脑"

的虚幻想象；我们引以为豪的七情六欲、好奇心和探索精神，究竟是一堆化学物质和神经连接的产物，还是确实能代表人类这个物种的无上荣光？……所有这些问题，到底与我何干？

但是在本书成稿的时候，我终于找到了一个让我满意的回答，也希望和你们一起分享。

回想 40 多亿年地球生命历程的这些高光时刻，我们会意识到：无论是你，还是我，还是今天地球上仍然在喜笑或悲伤的每一个人，都远比我们本身更大，更强壮，更古老。

刘慈欣在《三体：死神永生》中，如此描绘地球毁灭后的情景：

"40 亿年时光沉积在程心上方，让她窒息，她的潜意识拼命上浮，试图升上地面喘口气。潜意识中的地面挤满了生物，最显眼的是包括恐龙在内的巨大爬行动物，它们密密麻麻地挤在一起，铺满大地，直到目力所及的地平线；在恐龙间的缝隙和它们的腿间腹下，挤着包括人类在内的哺乳动物；再往下，在无数双脚下，地面像涌动着黑色的水流，那是无数三叶虫和蚂蚁……最可怕的是那些眼睛，恐龙的眼睛，三叶虫和蚂蚁的眼睛，鸟和蝌蚪的眼睛，细菌的眼睛……仅人类的眼睛就有一千亿双，正好等于银河系中恒星的数量，其中有所有普通人的眼睛，也有达·芬奇、莎士比亚和爱因斯坦的眼睛。"

我们每个人都是这漫长的故事里无数机缘巧合和阴差阳错、痛彻心扉或皆大欢喜之后最终的结局。我们背后，汇聚着 40 多亿年来所有曾经生活过的地球生命的深情注视。在我们面前，则是永恒黑暗中等待着我们注定要踏上的漫漫征程。在我们每个人的身体里，亿万代祖先——从不停分裂的单细胞始祖，一直到我们的爸爸妈妈——都留下了他们的永恒印记。这印记当然是物质上的——在我们每个人身体里，应该都还保有那么一丁点微不足道的遗传物质，可能来自这数十亿年前的祖先；这印记当然更是信息上的——先祖携带的遗传信息，叠加上几十亿年地球环境的沧海桑田，一直传递到我们的身体中；这印记其实更代表着一种最强大的欲望——从环境中攫取能量，打败同类，保存自己，繁殖后代，这种欲望跨越时空，注定将万古长存。

我们每一个人，都是一本活着的生命编年史。

除了背负的历史，我们还多了一重特别的荣耀。我们可能是这 40 多亿年生命历程中第一种开始回望历史、开始凝视自身、开始试图理解这一切秘密的物种。对于地球生命史来说，短短二三十万年仅仅如惊鸿一瞥般短暂。区区一千亿智人，数量上还比不过我们每个人身体里的细菌。但是就靠这么一点微不足道的力量，人类居然已经开始了解了一丁点关于地球生命的秘密，甚至已经开始尝试利用生命、修改生命、拯救生命，乃至在幻想人工创造全新的生命！遍布世界各地的农田和牧场，传来琅琅书声的学校，充满消毒水味道的医院手术室，堆满培养皿的生物学实验室，甚至这本书本身，都是我们无上荣耀的证明。

我无法预测人类这个物种在这颗星球、在这个宇宙中还能延续多久。因为真正的考验——从资源耗竭、环境变化和传染病，到小行星撞击、太阳熄灭和宇宙收缩——都在未来等待着我们。也许在更高级的智慧生命看来，在大宇宙看来，我们只不过是一群卑微短命的可怜虫，但是我们每一个人，仍然都要比我们本身更大，更强壮，更古老。

我们踩着穿越古老时间的鼓点而来，我们带着人类智慧的荣光而去。

无论如何，我们在这个世界上生活过，好奇过，努力过。

也许，这就是全部地球生命史和我们每一个人的关联。

最后，这本书的成书要特别感谢图灵公司的张霞编辑。她从这本书刚刚开始创作的时候就和我联系，而且在两年半的时间里一直等待我、鼓励我写作，为我每一点小小的突破和好思路鼓掌加油。没有她的帮助，我可能根本就坚持不到写作完成，更谈不上把这些思路和想法分享给大家。

这本书的写作占据了过去的很多个夜晚，也要特别感谢我的妻子、两个女儿和老爸老妈的支持。

另外，这本书的名字是我选定的。《生命是什么》当然是在致敬我的偶像之一、在 70 多年前写作那本传世经典《生命是什么》的物理学家薛定谔。那本书激励了无数物理学家投身分子生物学的革命，也启发了年轻的我去体会和欣赏生命的美。希望我的这本书，能对得起这个金光闪闪的名字。

参考文献

序曲

ANDERSEN R, 2015. The most mysterious star in our galaxy. *The Atlantic*.

BOYAJIAN T S, LACOURSE D M, RAPPAPORT S A, et al. 2016. *Planet Hunters* IX. KIC 8462852 – where's the flux? Monthly Notices of the Royal Astronomical Society 457, 3988-4004.

CALLAWAY E, 2017. Oldest Homo sapiens fossil claim rewrites our species' history. *Nature*.

COLLABORATION P, ADE P A R, AGHANIM N, et al. 2016. Planck 2015 results. *A&A* 594, A13.

DAVIES P, 2007. Are alien among us? *Scientific American*.

DYSON F J, 1960. Search for artificial stellar sources of infrared radiation. *Science* 131, 1667-1668.

JOHNSON S, 2017. Greetings, E.T. (please don't murder us). *The New York Times*.

MCDOUGALL I, BROWN F H, FLEAGLE J G, 2005. Stratigraphic placement and age of modern humans from Kibish, Ethiopia. *Nature* 433, 733.

OVERBYE D, 2013. Finder of new worlds. *The New York Times*.

SAMPLE I, 2017. Oldest Homo sapiens bones ever found shake foundations of the human story. *The Guardian*.

WILLIAMS L, 2015. Astronomers may have found giant alien 'megastructures' orbiting star near the Milky Way. *The Independent*.

第 1 章

BADA J L, 2013. New insights into prebiotic chemistry from Stanley Miller's spark discharge experiments. *Chemical Society Reviews* 42, 2186-2196.

CHENG A M, 2005. The real death of vitalism: implications of the Wöhler myth. *Penn Bioethics Journal* 1, 3.

GARCES A F, 2015. *René Descartes and the birth of neuroscience.* The MIT Press.

GUNDERSON K, 2009. Descartes, La Mettrie, language, and machines. *Philosophy* 39, 193-222.

KINNE-SAFFRAN E, KINNE R K H, 1999. Vitalism and synthesis of urea. *American Journal of Nephrology* 19, 290-294.

MILLER S L, 1953. A Production of amino acids under possible primitive earth conditions. *Science* 117, 528-529.

MILLER S L, UREY H C, 1959. Organic compound synthes on the primitive earth. *Science* 130, 245-251.

OPPENHEIMER J M, 1970. Hans Driesch and the theory and practice of embryonic transplantation. *Bulletin of the history of medicine* 44, 378-382.

PEERY W, 1948. The three souls again. *Philological Quarterly* 27, 92.

SCHRÖDINGER E, 1967. *What is life: the physical aspect of the living cell.* Cambridge University Press.

WOOD G, 2002. Living dolls: a magical history of the quest for mechanical life. *The Guardian.*

第 2 章

[s.n.], 2014. Otto Meyerhof and the Physiology Institute: the Birth of Modern Biochemistry (Nobelprize.org). Nobel Media.

ABRAHAMS J P, LESLIE A G W, LUTTER R, et al., 1994. Structure at 2.8 Å resolution of F1-ATPase from bovine heart mitochondria. *Nature* 370, 621.

BOYER P D, 1998. Energy, Life, and ATP. *Bioscience Reports* 18, 97-117.

BRAZIL R, 2017. Life's origins by land or sea? Debate gets hot. *Scientific American.*

BRILLOUIN L, 1959. Negentropy Principle of Information. *Journal of Applied Physics* 24, 1152-1163.

KHAKH B S, BURNSTOCK G, 2009. The double life of ATP in humans. *Scientific American.*

KRESGE N, SIMONI R D, HILL R L, 2005. Otto Fritz Meyerhof and the Elucidation of the Glycolytic Pathway. *Journal of Biological Chemistry* 280, e3.

LANE N, 2012. Life: is it inevitable or just a fluke? *New Scientist.*

MITCHELL P, 1961. Coupling of phosphorylation to electron and hydrogen transfer by a chemi-osmotic type of mechanism. *Nature* 191, 144-148.

MITCHELL P, 2014. Nobel Lecture: David Keilin's respiratory chain concept and its chemiosmotic consequences (Nobelprize.org. Nobel Media).

PAGE M L, 2016. Universal ancestor of all life on Earth was only half alive. *New Scientist*.

SERVICE R F, 2016. Synthetic microbe lives with fewer than 500 genes. *Science*.

SLATER E C, 1994. Peter Dennis Mitchell, 29 September 1920 - 10 April 1992. Biographical Memoirs of Fellows of the Royal Society 40, 283-305.

第 3 章

CECH T R, 2002. Ribozymes, the first 20 years. *Biochemical Society Transactions* 30, 1162-1166.

COBB M, 2015. Sexism in science: did Watson and Crick really steal Rosalind Franklin's data? *The Guardian*.

CRICK F H C, 1968. The origin of the genetic code. *Journal of Molecular Biology* 38, 367-379.

CRICK F H C, 1970. Central dogma of molecular biology. *Nature* 227, 561-563.

GILBERT W, 1986. Origin of life: The RNA world. *Nature* 319, 618.

HOLLAND H D, 2006. The oxygenation of the atmosphere and oceans. Philosophical Transactions of the Royal Society: Biological Sciences 361, 903-915.

KRUGER K, GRABOWSKI P J, ZAUG A J, et al., 1982. Self-splicing RNA: Autoexcision and autocyclization of the ribosomal RNA intervening sequence of tetrahymena. *Cell* 31, 147-157.

ROBERTSON M P, JOYCE G F, 2012. The Origins of the RNA world. *Cold Spring Harbor Perspectives in Biology* 4, a003608.

ROBERTSON M P, JOYCE G F, 2014. Highly efficient self-replicating RNA enzymes. *Chemistry & biology* 21, 238-245.

WATSON J D, CRICK F H C, 1953. Molecular structure of nucleic acids; a structure for deoxyribose nucleic acid. *Nature* 171, 737-738.

第 4 章

AL-AWQATI Q, 1999. One hundred years of membrane permeability: does Overton still rule? *Nature Cell Biology* 1, E201.

DEAMER D W, 1985. Boundary structures are formed by organic components of the Murchison carbonaceous chondrite. *Nature* 317, 792.

EDIDIN M, 2003. Lipids on the frontier: a century of cell-membrane bilayers. *Nature Reviews Molecular and Cellular Biology* 4, 414-418.

GAO J, WANG H, 2018. *Membrane biophysics*. Springer Nature Singapore Pte Ltd.

GEST H, 2004. The discovery of microorganisms by Robert Hooke and Antoni van Leeuwenhoek, Fellows of The Royal Society. Notes and Records of the Royal Society of London 58, 187-201.

KVENVOLDEN K, LAWLESS J, PERING K, et al., 1970. Evidence for extraterrestrial amino-acids and hydrocarbons in the Murchison meteorite. *Nature* 228, 923-926.

LANE N, MARTIN W F, 2012. The origin of membrane bioenergetics. *Cell* 151, 1406-1416.

LYNCH M, MARINOV G K, 2017. Membranes, energetics, and evolution across the prokaryote-eukaryote divide. *eLife* 6, e20437.

TURNER W, 1890. The cell theory, past and present. *Journal of Anatomy and Physiology* 24, 253-287.

YEAGLE P L, 1993. The membranes of cells. Academic Press, Inc.

第 5 章

ALEGADO R A, BROWN L W, CAO S, et al., 2012. A bacterial sulfonolipid triggers multicellular development in the closest living relatives of animals. *eLife* 1, e00013.

BORAAS M E, SEALE D B, BOXHORN J E, 1998. Phagotrophy by a flagellate selects for colonial prey: A possible origin of multicellularity. *Evolutionary Ecology* 12, 153-164.

GROSBERG R K, STRATHMANN R R, 2007. The evolution of multicellularity: a minor major transition? Annual Review of Ecology, Evolution, and Systematics 38, 621-654.

KAPSETAKI S E, 2015. *Predation and the evolution of multicellularity*. In St Hughs College. University of Oxford.

KIRK D L, 2001. Germ–soma differentiation in Volvox. *Developmental Biology* 238, 213-223.

LODISH H, 2000. *Molecular Cell Biology*. 4th ed. W. H. Freeman.

LÓPEZ-MUÑOZ F, BOYA J, ALAMO C, 2006. Neuron theory, the cornerstone of neuroscience, on the centenary of the Nobel Prize award to Santiago Ramón y Cajal. *Brain Research Bulletin* 70, 391-405.

MURGIA C, PRITCHARD J K, KIM S Y, et al., 2006. Clonal origin and evolution of a transmissible cancer. *Cell* 126, 477-487.

PARFREY L W, HAHR D J, 2013. Multicellularity arose several times in the evolution of eukaryotes. *BioEssays* 35, 339-349.

RATCLIFF W C, FANKHAUSER J D, ROGERS D W, et al., 2015. Origins of multicellular evolvability in snowflake yeast. *Nature Communications* 6, 6102.

RICHTER D J, KING N, 2013. The Genomic and cellular foundations of animal origins. Annual Review of Genetics 47, 527-555.

第 6 章

BERG J, TYMOCZKO J, STRYER L, 2002. Section 32.3, Photoreceptor Molecules in the Eye Detect Visible Light. *Biochemistry*. 4th ed. W. H. Freeman.

CLITES B L, PIERCE J T, 2017. Identifying Cellular and Molecular Mechanisms for Magnetosensation. Annual Review of Neuroscience 40, 231-250.

DOWLING J E, 2001. *Neurons and Networks: An Introduction to Behavioral Neuroscience*. The Belknap Press of Harvard University Press.

HEYLIGHEN F, 2012. A Brain in a Vat Cannot Break Out: Why the Singularity Must be Extended, Embedded, and Embodied. *Journal of Consciousness Studies* 19, 126-142.

HUBEL D H, WIESEL T N, 1959. Receptive fields of single neurones in the cat's striate cortex. *The Journal of Physiology* 148, 574-591.

HUBEL D H, WIESEL T N, 2004. *Brain and Visual Perception: The Story of a 25-Year Collaboration*. Oxford University Press.

NATHANS J, THOMAS D, HOGNESS D, 1986. Molecular genetics of human color vision: the genes encoding blue, green, and red pigments. *Science* 232, 193-202.

PALCZEWSKI K, 2011. Chemistry and biology of vision. *Journal of Biological Chemistry* 287, 1612-1619.

SHATZ C J, 2013. David Hunter Hubel (1926–2013). *Nature* 502, 625.

WALD G, 2014. Nobel Lecture: The Molecular Basis of Visual Excitation (Nobelprize. org. Nobel Media).

WOLF G, 2001. The Discovery of the Visual Function of Vitamin A. *The Journal of Nutrition* 131, 1647-1650.

第 7 章

BANDRÉS J, LLAVONA, R, 2003. Pavlov in Spain. *The Spanish Journal of Psychology* 6, 81-92.

GOELET P, CASTELLUCCI V F, SCHACHER S, et al., 1986. The long and the short of long–term memory—a molecular framework. *Nature* 322, 419.

JOSSELYN S A, KÖHLER S, FRANKLAND P W, 2017. Heroes of the Engram. *The Journal of Neuroscience* 37, 4647-4657.

KANDEL E R, PITTENGER C, 1999. The past, the future and the biology of memory storage. Philosophical Transactions of the Royal Society B: Biological Sciences 354, 2027-2052.

KIRSCH I, LYNN S J, VIGORITO M, et al., 2004. The role of cognition in classical and operant conditioning. *Journal of Clinical Psychology* 60, 369-392.

LEUTWYLER K, 1999. Making smart mice. *Scientific American*.

LIU X, RAMIREZ S, TONEGAWA S, 2014. Inception of a false memory by optogenetic manipulation of a hippocampal memory engram. Philosophical Transactions of the Royal Society B: Biological Sciences 369, 20130142.

MARKRAM H, GERSTNER W, SJÖSTRÖM P J, 2011. A History of Spike-Timing-Dependent Plasticity. *Frontiers in Synaptic Neuroscience* 3, 4.

POO M-M, PIGNATELLI M, RYAN T J, et al., 2016. What is memory? The present state of the engram. *BMC Biology* 14, 40.

SWEATT J D, 2016. Neural plasticity and behavior – sixty years of conceptual advances. *Journal of Neurochemistry* 139, 179-199.

TANG Y P, SHIMIZU E, DUBE G R, et al., 1999. Genetic enhancement of learning and memory in mice. *Nature* 401, 63.

TSIEN J Z, 2000. Linking Hebb's coincidence-detection to memory formation. Current Opinion in Neurobiology 10, 266-273.

第 8 章

BIRDSELL J A, WILLS C, 2003. The Evolutionary Origin and Maintenance of Sexual Recombination: A Review of Contemporary Models. In *Evolutionary Biology*, Macintyre R J , Clegg M T, eds. Boston, MA: Springer US. 27-138.

CANTALUPO C, HOPKINS W D, 2001. Asymmetric Broca's area in great apes: A region of the ape brain is uncannily similar to one linked with speech in humans. *Nature* 414, 505-505.

FISHER S E, SCHARFF C, 2009. FOXP2 as a molecular window into speech and language. *Trends in Genetics 25*, 166-177.

HAUSER M D, CHOMSKY N, FITCH W T, 2002. The Faculty of Language: What Is It, Who Has It, and How Did It Evolve? *Science* 298, 1569-1579.

MESULAM M M, ROGALSKI E J, WIENEKE C, et al., 2014. Primary progressive aphasia and the evolving neurology of the language network. *Nature Reviews Neurology* 10, 554-569.

MICHENER C D, 1969. Comparative social behavior of bees. *Annual Review of Entomology* 14, 299-342.

MUNZ T, 2016. The Dancing Bees: Karl von Frisch and the Discovery of the Honeybee Language. *German History* 35, 136-137.

PAPENFORT K, BASSLER B, 2016. Quorum-Sensing Signal-Response Systems in Gram-Negative Bacteria. *Nature Reviews Microbiology* 14, 576-588.

RADER B A, NYHOLM S V, 2012. Host/Microbe Interactions Revealed Through "Omics" in the Symbiosis Between the Hawaiian Bobtail Squid Euprymna scolopes and the Bioluminescent Bacterium Vibrio fischeri. *The Biological Bulletin* 223, 103-111.

WILSON E O, 1971. *The Insect Societies*. Belknap Press of Harvard University Press.

ZAYED A, ROBINSON G E, 2012. Understanding the relationship between brain gene expression and social behavior: lessons from the honey bee. *Annual Review of Genetics* 46, 591-615.

第 9 章

DERR M, 2001. Brainy Dolphins Pass the Human 'Mirror' Test. *The New York Times*.

GALLUP G G, 1970. Chimpanzees: Self-Recognition. *Science* 167, 86-87.

HUANG A X, HUGHES T L, SUTTON L R, et al., 2017. Understanding the Self in Individuals with Autism Spectrum Disorders (ASD): A Review of Literature. *Frontiers in Psychology* 8, 1422.

JABR F, 2012. Does Self-Awareness Require a Complex Brain? *Scientific American*.

KEYES D, 1981. *The Minds of Billy Milligan*. Random House.

KEYSERS C, 2009. Mirror neurons. *Current Biology* 19, R971-R973.

KOERTH-BAKER M, 2010. Kids (and Animals) Who Fail Classic Mirror Tests May Still Have Sense of Self. *Scientific American*.

MOORE C, MEALIEA J, GARON N, et al., 2007. The Development of Body Self-Awareness. *Infancy* 11, 157-174.

SUAREZ S D, GALLUP G G, 1981. Self-recognition in chimpanzees and orangutans, but not gorillas. *Journal of Human Evolution* 10, 175-188.

VINOGRADOV S, LUKS T L, SIMPSON G V, et al., 2006. Brain activation patterns during memory of cognitive agency. *NeuroImage* 31, 896-905.

第 10 章

BOUCHARD T, LYKKEN D, MCGUE M, et al., 1990. Sources of human psychological differences: the Minnesota Study of Twins Reared Apart. *Science* 250, 223-228.

CAVE S, 2016. There's No Such Thing as Free Will. *The Atlantic*.

DELZO J, 2017. NASA twin study: year in space changed Scott Kelly all the way to his DNA. *Newsweek*.

FINE C, DUPRÉ J, JOEL D, 2017. Sex-Linked Behavior: Evolution, Stability, and Variability. *Trends in Cognitive Sciences* 21, 666-673.

HULL C L, 1935. The conflicting psychologies of learning: a way out. *Psychological Review* 42, 491-516.

KIM K S, SEELEY R J, SANDOVAL D A, 2018. Signalling from the periphery to the brain that regulates energy homeostasis. *Nature Reviews Neuroscience*.

LIBET B, 1985. Unconscious cerebral initiative and the role of conscious will in voluntary action. *Behavioral and Brain Sciences* 8, 529-539.

Nichols S, 2011. Is free will an illusion? *Scientific American*.

PALMITER R D, 2008. Dopamine Signaling in the Dorsal Striatum Is Essential for Motivated Behaviors: Lessons from Dopamine-deficient Mice. *Annals of the New York Academy of Sciences* 1129, 35-46.

SMITH K, 2011. Neuroscience vs philosophy: Taking aim at free will. *Nature* 477, 23-25.

SOON C S, BRASS M, HEINZE H J, et al., 2008. Unconscious determinants of free decisions in the human brain. *Nature Neuroscience* 11, 543.

STERNSON S M, EISELT A K, 2017. Three Pillars for the Neural Control of Appetite. *Annual Review of Physiology* 79, 401-423.

VOHS K D, SCHOOLER J W, 2008. The value of believing in free will: encouraging a belief in determinism increases cheating. *Psychological Sciences* 19, 49-54.

图片来源

序曲

图 1 https://en.wikipedia.org/wiki/Earthrise

图 2 https://en.wikipedia.org/wiki/Kepler_(spacecraft)

图 3 https://en.wikipedia.org/wiki/Dyson_sphere

图 4 https://en.wikipedia.org/wiki/Voyager_Golden_Record

图 5 https://en.wikipedia.org/wiki/Arecibo_Observatory

第 1 章

图 1-2 https://en.wikipedia.org/wiki/Digesting_Duck

图 1-3 http://raoyi.blog.caixin.com/archives/65796

图 1-4 https://learnodo-newtonic.com/wp-content/uploads/2017/10/Part-of-the-list-of-elements-in-Lavoisiers-Elementary-Treatise-of-Chemistry.gif

图 1-5 https://en.wikipedia.org/wiki/Louis_Pasteur

图 1-6 https://en.wikipedia.org/wiki/Miller–Urey_experiment

图 1-7 https://en.wikipedia.org/wiki/What_Is_Life%3F

第 2 章

图 2-1 http://www.sciencemag.org/sites/default/files/styles/article_main_large/public/images/sn-genome_0.jpg?itok=YXSLleGJ

图 2-6 https://en.wikipedia.org/wiki/Peter_D._Mitchell

图 2-8 http://i.sozcu.com.tr/wp-content/uploads/2016/07/123-4-660x511.jpg

图 2-9 https://en.wikipedia.org/wiki/Hydrothermal_vent#Black_smokers_and_white_mokers

第 3 章

图 3-3 https://en.wikipedia.org/wiki/DNA_replication

图 3-6 http://www.3dmoleculardesigns.com/3DMD-Files/Custom-Models/3DMDNylon70S
RibosomeCustomModel.jpg?Large

第 4 章

图 4-1 https://i.pinimg.com/736x/c5/ba/3d/c5ba3d4048a1032b8b05a6465e4107ae--lashcard-
anatomy.jpg

图 4-2 https://en.wikipedia.org/wiki/Cell_(biology)

图 4-4 https://en.wikipedia.org/wiki/Murchison_meteorite

图 4-5 https://www.quia.com/files/quia/users/janiceldavid/plasma-membrane-diagram.JPG

图 4-6 http://www.wwnorton.com/college/biology/microbiology2/img/eTopics/sfmb2e_eTopic_
0401.jpg

第 5 章

图 5-1 https://www.sciencenewsforstudents.org/sites/default/files/main/articles/860-swimming-
bac-header-iStock_000022122825_Medium.jpg

图 5-2 http://rsif.royalsocietypublishing.org/content/royinterface/13/118/20160121/F1.large.jpg

图 5-3 Boraas, et al. Evol Ecol.1998.

图 5-4 Alegado, et al. eLife. 2012.

图 5-5 https://i.pinimg.com/736x/c4/fd/1b/c4fd1b3611d2b648e4bd82b6675522b5--micro-
photography-microorganisms.jpg

图 5-6 https://upload.wikimedia.org/wikipedia/commons/thumb/3/32/Weismann%27s_Germ_
Plasm.svg/1200px-Weismann%27s_Germ_Plasm.svg.png

图 5-7 https://en.wikipedia.org/wiki/Colorectal_cancer

图 5-8 http://smpdb.ca/assets/legend_svgs/drawable_elements/intestinal_epithelial_cell-
da79a7815de75eacdf2f809c11f9414a.svg

图 5-9 https://en.wikipedia.org/wiki/Purkinje_cell

图 5-10 Tamily Weissman, Harvard University http://www.cell.com/pictureshow/brainbow

第 6 章

图 6-1 https://en.wikipedia.org/wiki/Brain_in_a_vat

图 6-2 http://www.faculty.virginia.edu/ASTR5110/lectures/humaneye/descartes.jpg

图 6-3 https://images.fineartamerica.com/images/artworkimages/mediumlarge/1/4-rods-and-
cones-in-retina-omikron.jpg

图 6-4 https://en.wikipedia.org/wiki/Rhodopsin

图 6-6 https://en.wikipedia.org/wiki/David_H._Hubel

图 6-7 https://cdn-images-1.medium.com/max/678/0*hGG6eqzSe5WIsJiT.jpeg

图 6-8 https://lh6.googleusercontent.com/xKwUVM5kChwzeQnIganXroJqlBuprABPNbcSs
I6MDlNOMYbhGbPaVIh647NHAQwZwwJTDUOxnVCDgsna2CWq-3Zkf5THttPceFV4R
4dUZYvisszHEflQB99abA

第 7 章

图 7-2 https://en.wikipedia.org/wiki/California_sea_hare

图 7-3 https://sites.google.com/a/ugcloud.ca/grade-12-biology/_/rsrc/1434498973325/5-
homeostasis/5-reflex-arc/patellar%20reflex.jpg

图 7-4 https://upload.wikimedia.org/wikipedia/commons/thumb/7/70/Pavlov%27s_dog_
conditioning.svg/1280px-Pavlov%27s_dog_conditioning.svg.png

图 7-5 http://banquete.org/banquete08/IMG/jpg/caja_zoom.jpg

图 7-7 http://www.medicinalgenomics.com/resources/endocannabinoid-basics/

图 7-8 http://mikeclaffey.com/psyc2/images/memory-LTP.jpg

图 7-9 https://3c1703fe8d.site.internapcdn.net/newman/gfx/news/2014/hippocampus.png

图 7-10 http://thepsychreport.com/wp-content/uploads/2014/06/lab_land_rat_520.jpg

第 8 章

图 8-1 https://microbewiki.kenyon.edu/index.php/Aliivibrio_Fischeri_and_the_Role_of_
Quorum_Sensing

图 8-2 http://2011.igem.org/wiki/images/f/fc/Natural_QS_V.fischeri.png

图 8-3 https://featuredcreature.com/hawaiian-bobtail-squid-and-its-crazy/

图 8-4 https://media.wired.com/photos/593270e544db296121d6b15a/master/pass/honey_bee.jpg
https://www.pnnl.gov/news/images/photos/20120229143718684.jpg

图 8-5 https://en.wikipedia.org/wiki/Western_honey_bee#/media/File:Apis_mellifera_(queen_
and_workers).jpg

图 8-8 https://en.wikipedia.org/wiki/Satin_bowerbird

图 8-9 http://discovermagazine.com/2015/july-aug/30-born-mild

图 8-11 https://en.wikipedia.org/wiki/Wernicke%27s_area

第 9 章

图 9-1 https://i.ytimg.com/vi/k-rWB1jOt9s/hqdefault.jpg

图 9-2 http://www.replicatedtypo.com/wp-content/uploads/2012/01/chimp-mirror2.jpeg

图 9-3 https://i.ytimg.com/vi/k-_Lgg2D4kM/maxresdefault.jpg

图 9-5 http://cis.jhu.edu/data.sets/cortical_segmentation_validation/photos/mpfc75.jpg

图 9-6 http://www.americas-most-haunted.com/wp-content/uploads/2017/04/split-movie-james-
mcavoy-ending.jpeg

第 10 章

图 10-1 https://pollychester.files.wordpress.com

图 10-3 http://3.bp.blogspot.com/-7ko7SkXxzJo/UCaezi2s8sI/AAAAAAAACds/
N9JkrUZfMJU/s1600/Atasoy1.png

图 10-5 https://www.nasa.gov/sites/default/files/thumbnails/image/jsc2015e004202.jpg

图 10-8 https://www.aec.at/aeblog/files/2013/08/img157124.jpg